振動・波動

森成隆夫

[著]

朝倉書店

まえがき

　自然現象を見渡してみると，いたるところに振動現象や波動が現れる．高校で学ぶばねや電気回路のほか，電磁波や弾性体の振動，固体中における結晶格子の振動，音波，地震などなど枚挙に暇がない．近年，観測され話題になっている重力波も波動現象の1つである．このような多彩な振動現象について，著者の京都大学での講義経験をもとに著したのが本書である．読者としては，大学初年級の力学を学んだ方を対象としている．

　ともすれば古典力学をはじめとして，電磁気学，流体力学，弾性体の理論までをも必要とする振動・波動現象を，できるだけ他書を参照することなく解説することを試みた．振動・波動を学ぶ上では，微分方程式，偏微分方程式，フーリエ級数，フーリエ変換など数学的な事項もあわせて習得する必要がある．この点についても十分配慮し，わかりやすい説明を心がけた．本文中の例題は，主に理解を助けるための問題である．解きながら読み進めると理解しやすいであろう．演習問題には本文を補足する問題や発展的な問題を含んでいる．ぜひ，これらの問題にも挑戦していただきたい．

　振動・波動現象は，数値シミュレーションを学ぶ上でも格好の題材を提供する．本書では，数値計算の基礎を解説するとともに，数値シミュレーションの実例も紹介する．グラフ表示では，無料で配布されている gnuplot を用いている．gnuplot を用いると，フーリエ級数，膜の振動のアニメーション，2重スリットの回折パターンなどを手軽に表示することができる．巻末の付録に gnuplot についての必要最低限な解説を含めてある．ぜひ，ご自分のパソコンに gnuplot をインストールして，本書で紹介するシミュレーションを楽しんでいただきたい．また，使用したファイルはサポートページ

http://www.asakura.co.jp/books/isbn/978-4-254-13122-2/

まえがき

よりダウンロードすることが可能である．本文では記述しきれなかった詳細についても，サポートページ上にノートを公開している．必要に応じて参照していただければ幸いである．

最後に，出版までたいへんお世話になった朝倉書店編集部に厚くお礼申し上げる．

2017年2月

森 成 隆 夫

目　　次

1. 単　振　動 ··· 1
   1.1 単振動の方程式 ·· 1
   1.2 単振動の方程式の解 ·· 6

2. 減衰振動と強制振動 ··· 12
   2.1 抵抗と減衰振動 ·· 12
   2.2 重ね合わせの原理 ··· 16
   2.3 強 制 振 動 ··· 18
   2.4 共　　　鳴 ··· 21
      2.4.1 強制振動によるエネルギー吸収 ··· 22
      2.4.2 共鳴の鋭さと Q 値 ··· 23
   2.5 フーリエ変換による非斉次微分方程式の解法 ······························· 24

3. 連成振動と基準振動 ··· 28
   3.1 自由度が 2 つの場合の振動 ·· 28
   3.2 多自由度系の基準振動 ·· 32
   3.3 1 次元的に連結した N 個の質点系 ··· 37
   3.4 1 次元的に連結した N 個の質点系：周期的境界条件 ···················· 43

4. 連続体の振動 ··· 46
   4.1 1 次元的な連続体の振動 ·· 46
      4.1.1 棒 の 振 動 ·· 46
      4.1.2 弦 の 振 動 ·· 48
   4.2 1 次元の波動方程式の解 ·· 50
      4.2.1 変数分離法を用いた解法 ··· 50

4.2.2　フーリエ級数を用いた解法 52
　4.3　弾性体の振動 58
　　4.3.1　ヤング率 58
　　4.3.2　ポアソン比 60
　　4.3.3　体積弾性率 61
　　4.3.4　ずれ弾性率 62
　　4.3.5　ひずみテンソル 63
　　4.3.6　応力テンソル 65
　　4.3.7　応力テンソルとひずみテンソルの関係 66
　　4.3.8　弾性体中の縦波と横波 68
　4.4　気柱の振動 72
　　4.4.1　気体の運動方程式 72
　　4.4.2　振動の方程式 75
　　4.4.3　気柱の振動 76
　4.5　膜の振動 79

5. 波　動 84
　5.1　電磁波 84
　5.2　平面波と球面波 86
　5.3　波束とフーリエ変換 88
　5.4　1次元波動方程式の解 92
　5.5　伝播する波束と群速度，位相速度 93
　5.6　波の反射 95
　5.7　2種類の媒質の境界での反射と透過 96

6. 波の屈折と干渉 99
　6.1　物質中の電磁波と偏光 99
　6.2　電磁波の反射と屈折 102
　6.3　波の干渉 105
　6.4　ヤングの干渉実験 106

6.5　フラウンホーファー回折 ･････････････････････････････････ 108

A. 数学的準備 ･･･ 113
A.1　テイラー展開 ････････････････････････････････････ 113
A.2　ランダウの記号 ･･･････････････････････････････････ 113
A.3　ディラックのデルタ関数 ････････････････････････････ 114
A.4　偏微分 ･･･ 116
A.5　関数の勾配とベクトル場の発散・回転 ････････････････････ 117
A.6　2次元極座標におけるラプラシアン ･･････････････････････ 118
A.7　ストークスの定理 ･････････････････････････････････ 119
A.8　ガウスの定理 ････････････････････････････････････ 121
A.9　実対称行列の対角化 ････････････････････････････････ 122
A.10　フーリエ級数 ･･･････････････････････････････････ 124
A.10.1　直交関係 ････････････････････････････････ 125
A.10.2　係数の計算 ･･･････････････････････････････ 126
A.10.3　指数関数表示のフーリエ級数 ･････････････････････ 128
A.10.4　不連続点がある場合のフーリエ級数 ････････････････ 130

B. 常微分方程式の数値解法 ･････････････････････････････････ 132
B.1　1階の常微分方程式の数値解法 ････････････････････････ 132
B.1.1　オイラー法 ･･･････････････････････････････ 132
B.1.2　中点法 ･････････････････････････････････ 134
B.2　2階の常微分方程式の数値解法 ････････････････････････ 135

C. gnuplot によるグラフの表示 ･･････････････････････････････ 139
C.1　gnuplot のインストール ････････････････････････････ 139
C.2　グラフの表示 ････････････････････････････････････ 139
C.3　簡単なアニメーション ･･････････････････････････････ 141
C.4　フーリエ級数の表示 ････････････････････････････････ 142

さらに勉強するために ……………………………………………… 145
演習問題解答 ……………………………………………………… 147
索　　引 …………………………………………………………… 155

1 単振動

さまざまな振動現象を考える上で，一番の基礎となるのが単振動である．ばねにつながれた質点の運動や，電気回路における電荷の時間変化といった，時間的に変動する自由度が1つだけの場合の振動現象を考える．1.1節では，単振動の微分方程式が現れる例を挙げる．1.2節で，単振動の微分方程式の解法を説明する．

1.1 単振動の方程式

図1.1に示したように，ばね定数 $k\,(>0)$ のばねにつながれた質量 m の質点の運動を考える．

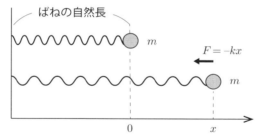

図 1.1 ばねにつながれた質点の振動

ばねの自然長からの伸びを，図の右向きを正として x とする．$x>0$ または $x<0$ の状態にして手を離すと，質点は左右に振動する．この運動を定量的に記述しよう．

ばねが質点に及ぼす力 F は，フックの法則 (Hooke's law) に従う．

$$F = -kx \tag{1.1}$$

時間を t で表すと，質点の運動方程式は次式で与えられる．

1. 単振動

$$m\frac{d^2x}{dt^2} = F = -kx \tag{1.2}$$

ここで**角振動数** (angular frequency) を

$$\omega = \sqrt{\frac{k}{m}} \tag{1.3}$$

で定義すると，式 (1.2) は

$$\frac{d^2x}{dt^2} = -\omega^2 x \tag{1.4}$$

となる．式 (1.4) が，振動現象においてもっとも基本となる方程式である．式 (1.4) によって記述される運動を，**単振動** (simple harmonic motion) あるいは**調和振動** (harmonic oscillation) とよぶ．

方程式 (1.4) は，t の関数 $x = x(t)$ が従う微分方程式である．微分する変数が t の 1 つだけであり，t の 2 階微分がもっとも高階の微分だから，このような微分方程式を 2 階の常微分方程式とよぶ．

微分方程式 (1.4) を解く方法は，1.2 節で述べる．ここでは，式 (1.4) の解を確認しておこう．天下りだが，式 (1.4) の解は

$$x = A\cos(\omega t + \delta) \tag{1.5}$$

と書ける．ここで，A, δ はいずれも定数である．A を振動の**振幅** (amplitude)，$\omega t + \delta$ を振動の**位相** (phase)，δ を**位相定数** (phase constant) とよぶ．A と δ は，**初期条件** (initial condition) から決まる．

例題 1.1 式 (1.5) が方程式 (1.4) の解であることを確かめよ．

> **解** 式 (1.5) を t について 2 階微分すると $d^2x/dt^2 = -\omega^2 A\cos(\omega t + \delta) = -\omega^2 x$．ここで 2 番目の等号では，式 (1.5) を用いた．よって，式 (1.5) は方程式 (1.4) の解である．

例題 1.2 式 (1.5) で与えられる単振動の初期条件が，$t = 0$ で $x = x_0, v = dx/dt = v_0$ のとき，A, δ を求めよ．

> **解** $t = 0$ で $x = x_0$ だから
> $$A\cos\delta = x_0 \tag{1.6}$$
> また，$t = 0$ で $v = v_0$ だから $v = dx/dt = -\omega A\sin(\omega t + \delta)$ より

$$-\omega A \sin\delta = v_0 \tag{1.7}$$

式 (1.6) に ω をかけて両辺を 2 乗し，式 (1.7) の両辺の 2 乗を加えると $\omega^2 A^2 = (\omega x_0)^2 + v_0^2$. $A > 0$ を仮定すると

$$A = \sqrt{x_0^2 + \left(\frac{v_0}{\omega}\right)^2} \tag{1.8}$$

この結果と式 (1.6)，式 (1.7) から

$$\cos\delta = \frac{\omega x_0}{\sqrt{v_0^2 + (\omega x_0)^2}}, \quad \sin\delta = -\frac{v_0}{\sqrt{v_0^2 + (\omega x_0)^2}} \tag{1.9}$$

となる．あるいは，$-\pi/2 \leq \delta \leq 0$ として $\tan\delta = -v_0/\omega x_0$ と書いてもよい．また，x は次の式で表される．

$$\begin{aligned} x &= A\cos(\omega t + \delta) = A\cos(\omega t)\cos\delta - A\sin(\omega t)\sin\delta \\ &= x_0\cos(\omega t) + \frac{v_0}{\omega}\sin(\omega t) \end{aligned}$$

式 (1.5) を図示すると，図 1.2 のようになる．ここで図の T は振動の周期 (period) であり，次式で与えられる．

$$T = \frac{2\pi}{\omega} \tag{1.10}$$

また，

$$\nu = \frac{1}{T} \tag{1.11}$$

を**振動数** (frequency) とよぶ．

ばねにつながれた質点の運動以外にも，多くの振動現象が単振動の微分方程式 (1.4) によって記述される．図 1.3 に示したような，直流電池，容量 C のコンデンサー，自己インダクタンス L のコイルからなる回路を考える．まず，スイッチ S を 1 に入れて，コンデンサー C を充電する．次に，スイッチを 2 に入れる．

コンデンサーの上下の電荷を図に示したように $Q, -Q$ とする．コンデンサーの電圧を V とおくと，

$$Q = CV \tag{1.12}$$

回路を流れる電流を I とすれば，

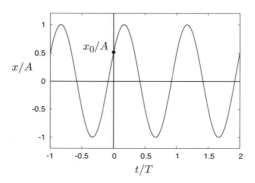

図 1.2 単振動の解 (1.5). 横軸を t/T, 縦軸を x/A としている. 黒丸で示したのは, $t=0$ での値 x_0/A である.

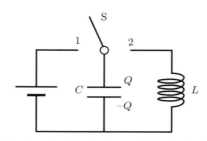

図 1.3 コンデンサーとコイルからなる回路

$$I = \frac{dQ}{dt} \tag{1.13}$$

また, コイルに流れる電流 I によって, 逆起電力が働くから

$$V = -L\frac{dI}{dt} \tag{1.14}$$

式 (1.13) を t で微分して, 式 (1.14) を用いると

$$\frac{d^2Q}{dt^2} = \frac{dI}{dt} = -\frac{V}{L} \tag{1.15}$$

式 (1.12) から得られる式 $V = Q/C$ を右辺に代入すると

$$\frac{d^2Q}{dt^2} = -\omega^2 Q \tag{1.16}$$

が得られる. ただし, $\omega = 1/\sqrt{LC}$ である. よって, 単振動の微分方程式 (1.4)

と同じ微分方程式が成り立つことがわかる．

フックの法則 (1.1) は，ポテンシャル $kx^2/2$ から得られる．このように x^2 に比例するポテンシャルを調和振動子型のポテンシャルとよぶ．では，一般のポテンシャル $V(x)$ 中での質量 m の質点の運動はどうなるであろうか．質点の運動方程式は，次式で与えられる．

$$m\frac{d^2 x}{dt^2} = -V'(x) \tag{1.17}$$

図 1.4 に示したように，$V(x)$ が $x = a$ に極小点をもつとする．質点が $x = a$ 近傍で運動する場合を考える．

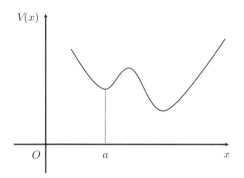

図 1.4 $x = a$ に極小をもつポテンシャル $V(x)$

$x = a + \delta x$ とおいて，$V(x) = V(a + \delta x)$ を展開する．テイラー展開の公式 (A.1) を適用すると

$$V(a + \delta x) = V(a) + \frac{1}{2}V''(a)(\delta x)^2 + \cdots \tag{1.18}$$

$V(x)$ は $x = a$ で極小値をもつから，$V'(a) = 0$ であることに注意しよう．よって式 (1.17) より

$$m\frac{d^2 \delta x}{dt^2} = -V''(a)\delta x \tag{1.19}$$

$x = a$ は $V(x)$ の極小点だから，$V''(a) > 0$ である．ゆえに，$\omega = \sqrt{\frac{V''(a)}{m}}$ とおくと

$$\frac{d^2 \delta x}{dt^2} = -\omega^2 \delta x \tag{1.20}$$

となって，δx が式 (1.4) と同じ微分方程式に従うことがわかる．このように，一般のポテンシャルを考える場合でも，ポテンシャルの極小値近傍での運動に限定すれば，質点の運動は単振動として記述できる．

ここでは具体的に質点の運動を考えたが，時間に依存する変数 q があり，この q についてのポテンシャルエネルギーが $V(q)$ で与えられる場合も同様である．$V(q)$ が極小値をもつ場合には，その極小値のまわりでの q の微小変化はやはり微分方程式 (1.4) によって記述される．

1.2 単振動の方程式の解

前節では，微分方程式 (1.4) の解 (1.5) を天下り的に書き下した．この節では，微分方程式 (1.4) を解いて，式 (1.5) を導出しよう．微分方程式 (1.4) を解く方法はいくつかある．パソコンを使って数値計算により解く方法もある．この方法については，付録 B で述べる．

まず，準備として，オイラーの公式 (Euler's formula)

$$\exp(i\theta) = \cos\theta + i\sin\theta \tag{1.21}$$

を示そう．

式 (1.21) の左辺を $y_1 = \exp(i\theta)$，右辺を $y_2 = \cos\theta + i\sin\theta$ とおく．y_1, y_2 をそれぞれ θ で微分すると，$dy_1/d\theta = i\exp(i\theta) = iy_1, dy_2/d\theta = -\sin\theta + i\cos\theta = iy_2$．よって，

$$\frac{d}{d\theta}\left(\frac{y_1}{y_2}\right) = \frac{1}{y_2^2}\left(y_2\frac{dy_1}{d\theta} - y_1\frac{dy_2}{d\theta}\right) = 0 \tag{1.22}$$

となるから，C を定数として $y_1/y_2 = C$ とおける．一方，$\theta = 0$ のとき $y_1 = 1, y_2 = 1$ だから $C = 1$ である．ゆえに，式 (1.21) が成り立つ．

例題 1.3 テイラー展開を用いて，式 (1.21) を示せ．

解 式 (1.21) の左辺を，$\theta = 0$ でテイラー展開すると

$$e^{i\theta} = 1 + i\theta - \frac{1}{2}\theta^2 - \frac{i}{3!}\theta^3 + \frac{1}{4!}\theta^4 + \frac{i}{5!}\theta^5 - \cdots \tag{1.23}$$

右辺で実部と虚部を分けて書けば

$$e^{i\theta} = \left(1 - \frac{1}{2}\theta^2 + \frac{1}{4!}\theta^4 - \cdots\right) + i\left(\theta - \frac{1}{3!}\theta^3 + \frac{1}{5!}\theta^5 - \cdots\right) \tag{1.24}$$

一方，$\cos\theta$ と $\sin\theta$ をそれぞれ $\theta = 0$ でテイラー展開すると

$$\cos\theta = 1 - \frac{1}{2}\theta^2 + \frac{1}{4!}\theta^4 + \cdots \tag{1.25}$$

$$\sin\theta = \theta - \frac{1}{3!}\theta^3 + \frac{1}{5!}\theta^5 + \cdots \tag{1.26}$$

式 (1.24) の右辺に式 (1.25) と式 (1.26) を適用して式 (1.21) が成り立つことがわかる．

この証明はわかりやすいが，$|\theta| \ll 1$ の場合にのみ適用できることに注意しよう．

さて，微分方程式 (1.4) の解法として，最初に 2.1 節でも用いる実用的な解法を示す．この解法は実用的だが，解がどのような関数になるかが前もってわかっているから適用できる解法である．そうした前提となる知識が不要な解法については後述する．

微分方程式 (1.4) の解を，λ を定数として

$$x = \exp(\lambda t) \tag{1.27}$$

と仮定し，式 (1.4) に代入する．$dx/dt = \lambda x, d^2x/dt^2 = \lambda^2 x$ であることから，式 (1.4) より

$$\lambda^2 x = -\omega^2 x \tag{1.28}$$

が得られる．よって，$\lambda = \pm i\omega$ となる．

この結果より，微分方程式 (1.4) の解は，C_1 と C_2 を定数として

$$x = C_1 e^{i\omega t} + C_2 e^{-i\omega t} \tag{1.29}$$

とおける．式 (1.29) を微分方程式 (1.4) の**一般解**とよぶ．

C_1 と C_2 は一般に複素数であり，初期条件から決まる定数である．x は実数だから，式 (1.29) の実部が微分方程式 (1.4) の解を与える．

例題 1.4 微分方程式 (1.4) の解 (1.29) について，$t = 0$ での初期条件が，$x = x_0, dx/dt = v_0$ のとき，C_1 と C_2 を求めよ．

解 初期条件より $C_1 + C_2 = x_0, i\omega(C_1 - C_2) = v_0$．$C_1$ と C_2 について解いて

$$C_1 = \frac{1}{2}\left(x_0 - \frac{iv_0}{\omega}\right), \qquad C_2 = \frac{1}{2}\left(x_0 + \frac{iv_0}{\omega}\right) \tag{1.30}$$

よって，式 (1.29) より

$$x = \frac{1}{2}\left(x_0 - \frac{iv_0}{\omega}\right)e^{i\omega t} + \frac{1}{2}\left(x_0 + \frac{iv_0}{\omega}\right)e^{-i\omega t}$$
$$= x_0 \cos(\omega t) + \frac{v_0}{\omega}\sin(\omega t)$$

次に，解の関数形についての知識を必要としない解法を示そう．まず，準備として1階の微分方程式

$$\frac{dx}{dt} = \alpha x \tag{1.31}$$

の解を確認しておく．ここで α は定数である．

微分方程式 (1.31) は，次のようにして解ける．まず，式 (1.31) より $dx/x = \alpha dt$．両辺を積分すると $\log x = \alpha t + C$．ここで C は定数である．よって，

$$x = C' e^{\alpha t} \tag{1.32}$$

ただし $C' = \exp(C)$ である．定数 C' は初期条件から決まる．$t = 0$ で $x = x_0$ とすると，$C' = x_0$ である．

微分方程式 (1.31) について，大事な点を確認しておこう．それは，微分方程式 (1.31) の解が式 (1.32) で与えられる関数以外に存在しないことである．このことは次のようにして確かめられる．

x_1 と x_2 がともに微分方程式 (1.31) の解であるとする．このとき，

$$\frac{d}{dt}\left(\frac{x_1}{x_2}\right) = \frac{1}{x_2^2}\left(x_2\frac{dx_1}{dt} - x_1\frac{dx_2}{dt}\right) \tag{1.33}$$

右辺に $dx_1/dt = \alpha x_1$ および $dx_2/dt = \alpha x_2$ を代入すると，$\frac{d}{dt}\left(\frac{x_1}{x_2}\right) = 0$．この式を積分すると，$x_1/x_2$ が定数であることがわかる．よって，x_1 が式 (1.32) で与えられる関数であれば，x_2 も，定数係数の違いを除いて，式 (1.32) で与えられる関数となる．ゆえに，式 (1.32) は微分方程式 (1.31) の一般解である．

1.2 単振動の方程式の解

さて，2階の常微分方程式 (1.4) を解こう．まず，$\frac{1}{\omega}\frac{dx}{dt} = y$ とおくと，

$$\frac{dx}{dt} = \omega y \tag{1.34}$$

$$\frac{dy}{dt} = -\omega x \tag{1.35}$$

式 (1.34) に，式 (1.35) に虚数単位 i をかけた式を加えると

$$\frac{d}{dt}(x+iy) = \omega y - i\omega x = -i\omega(x+iy) = -i\omega z \tag{1.36}$$

よって，$z = x + iy$ おくと

$$\frac{dz}{dt} = -i\omega z \tag{1.37}$$

この微分方程式は，式 (1.31) において $x = z, \alpha = -i\omega$ とおいたものである．よって，微分方程式 (1.31) の解が式 (1.32) で与えられることから，微分方程式 (1.37) の解は，$z = Ce^{-i\omega t}$ となる（C は定数）．

A と δ を実数として，$C = Ae^{-i\delta}$ とおくと

$$x + iy = A\exp(-i(\omega t + \delta)) \tag{1.38}$$

右辺にオイラーの公式 (1.21) を適用すると，

$$x + iy = A\cos(\omega t + \delta) - iA\sin(\omega t + \delta) \tag{1.39}$$

両辺の実部を比較して $x = A\cos(\omega t + \delta)$．ゆえに，微分方程式 (1.4) の解は式 (1.5) で与えられる．なお，虚部についても矛盾がないことを確認してほしい．

例題 1.5 式 (1.34) と式 (1.35) より

$$\frac{d}{dt}(x-iy) = i\omega(x-iy) \tag{1.40}$$

が成り立つことを示せ．また，このことを用いて，微分方程式 (1.4) を解け．

> **解** 式 (1.34) と式 (1.35) を用いると，$\frac{d}{dt}(x-iy) = \omega y + i\omega x = i\omega(x-iy)$．よって与式が成り立つ．この微分方程式を，$x-iy$ の微分方程式とみなせば C' を定数として $x-iy = C'e^{i\omega t}$ であることがわかる．A と δ を実数として，$C' = A\exp(i\delta)$ とおくと $x - iy = Ae^{i(\omega t + \delta)} = A\cos(\omega t + \delta) + iA\sin(\omega t + \delta)$．両辺の実部を比較して，$x = A\cos(\omega t + \delta)$．

演習問題

演習問題 1.1 運動方程式が式 (1.2) で与えられる質点のエネルギーは，
$$E = \frac{1}{2}m\left(\frac{dx}{dt}\right)^2 + \frac{1}{2}m\omega^2 x^2 \tag{1.41}$$
である．ただし，ω は式 (1.3) で定義されている．
1) エネルギー保存則，$dE/dt = 0$ より，単振動の微分方程式 (1.4) が得られることを示せ．
2) 単振動の解が式 (1.5) のとき，式 (1.41) の右辺第 1 項と第 2 項をそれぞれ計算し，グラフを描け．

演習問題 1.2 運動方程式が式 (1.2) で与えられる質点の運動量を $p = mdx/dt$ とおく．単振動の解 (1.5) は p-x 平面上で，どのような軌跡を描くか．

演習問題 1.3 磁束密度 $\boldsymbol{B} = (0, 0, B)$ のもとでの電荷 q をもつ質量 m の質点の運動方程式は，$\boldsymbol{v} = (v_x, v_y, v_z)$ を速度ベクトルとして次式で与えられる．
$$m\frac{d\boldsymbol{v}}{dt} = q\boldsymbol{v} \times \boldsymbol{B} \tag{1.42}$$
v_z が一定であることを示し，v_x および v_y が単振動の微分方程式をみたすことを示せ．

演習問題 1.4 単振動の微分方程式 (1.4) について，以下の問に答えよ．
1) 式 (1.4) が，次のように書けることを示せ．
$$\left(\frac{d}{dt} - i\omega\right)\left(\frac{d}{dt} + i\omega\right)x = 0 \tag{1.43}$$
2) $(d/dt + i\omega)x = y$ とおいて，微分方程式の一般解を求めよ．

演習問題 1.5 単振動の微分方程式 (1.4) について，以下の問に答えよ．
1) $dx/dt = \omega y$ とおいて，次式が成り立つことを示せ．
$$\frac{d}{dt}\begin{pmatrix} x \\ y \end{pmatrix} = i\omega A \begin{pmatrix} x \\ y \end{pmatrix} \tag{1.44}$$
ただし，A は 2×2 の行列で，次式で与えられる．
$$A = \begin{pmatrix} 0 & -i \\ i & 0 \end{pmatrix} \tag{1.45}$$

2) 行列 A の固有値が ± 1 であることを示し，固有ベクトルが，次式で与えられることを示せ．
$$\boldsymbol{v}_+ = \frac{1}{\sqrt{2}} \begin{pmatrix} 1 \\ i \end{pmatrix}, \qquad \boldsymbol{v}_- = \frac{1}{\sqrt{2}} \begin{pmatrix} i \\ 1 \end{pmatrix} \tag{1.46}$$

3) 2×2 行列 U を次式で定義する．
$$U = \begin{pmatrix} \boldsymbol{v}_+ & \boldsymbol{v}_- \end{pmatrix} = \frac{1}{\sqrt{2}} \begin{pmatrix} 1 & i \\ i & 1 \end{pmatrix} \tag{1.47}$$

このとき，$U^\dagger U = \hat{1}$ および
$$U^\dagger A U = \begin{pmatrix} 1 & 0 \\ 0 & -1 \end{pmatrix} \tag{1.48}$$

を示せ．ただし，$\hat{1}$ は 2×2 の単位行列であり，$U^\dagger$ は行列 U のエルミート共役である．すなわち，行列の成分について，$(U^\dagger)_{ij} = U_{ji}^*$ である．

4) $\exp(i\omega A t)$ を計算することによって，微分方程式 (1.4) の解を求めよ．

2 減衰振動と強制振動

ボールを投げると，空気抵抗によって次第にスピードが遅くなる．また，水中では素早く体を動かすことが難しい．このような運動への抵抗が存在する場合の振動を考えよう．抵抗に加えて，周期的に変動する外場が存在する場合も考察する．数学的には2階の非斉次微分方程式の解法が必要となる．

2.1 抵抗と減衰振動

物体に働く抵抗力 f は，物体の速度 v に依存する．そこで，$f = f(v)$ として v が小さいとしてテイラー展開する．$v = 0$ のとき抵抗力は働かない ($f(0) = 0$) から

$$f(v) = f'(0)v + \frac{1}{2}f''(0)v^2 + \cdots \tag{2.1}$$

v が小さいときには，この展開の1次までで近似できる．質量 m の物体に働く抵抗力を

$$-\frac{m}{\tau}v \tag{2.2}$$

と書くと，τ は時間の次元をもつ定数となる．

式 (2.2) の抵抗力が存在するとき，1.1節で考えた，ばねにつながれた質量 m の物体の運動方程式は，$v = dx/dt$ だから

$$m\frac{d^2x}{dt^2} = -m\omega^2 x - \frac{m}{\tau}\frac{dx}{dt} \tag{2.3}$$

となる [*1]．両辺を m でわると

$$\frac{d^2x}{dt^2} = -\omega^2 x - \frac{1}{\tau}\frac{dx}{dt} \tag{2.4}$$

一般に，時間に依存する変数 q があり，q の時間変化率 dq/dt に比例する抵抗が存在する場合には，q は式 (2.4) と同様の微分方程式に従う．

[*1] 抵抗力を考えるために，質点ではなく有限の大きさをもつ物体を考える．

例題 2.1 図 2.1 に示した回路を考える．この回路は，1.1 節の回路に抵抗 R を加えたものである．まず，スイッチ S を 1 に入れて，コンデンサー C を充電する．次に，スイッチを 2 に入れる．コンデンサーの電荷 Q が従う微分方程式を導出せよ．

解 コンデンサーの極板のうち，Q の電荷を蓄えている極板から流れ出る電流を I とすれば，$I = -dQ/dt$ である．コンデンサーの両端の電位差 Q/C と，コイルと抵抗による電位差が等しいとして $\frac{Q}{C} = L\frac{dI}{dt} + IR$．$I$ を Q で表して整理すると

$$\frac{d^2Q}{dt^2} = -\omega^2 Q - \frac{1}{\tau}\frac{dQ}{dt} \tag{2.5}$$

ここで $\omega = 1/\sqrt{LC}, \tau = L/R$ である．

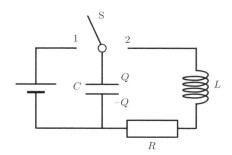

図 2.1 コンデンサー，コイル，抵抗からなる LCR 回路

微分方程式 (2.4) の解は，次のようにして求めることができる．$x = \exp(\lambda t)$ とおいて，式 (2.4) に代入し，両辺を x でわって整理すると

$$\lambda^2 + \frac{1}{\tau}\lambda + \omega^2 = 0 \tag{2.6}$$

よって，2 階の常微分方程式 (2.4) が λ についての 2 次方程式に帰着されたことになる．式 (2.6) の解は

$$\lambda = -\frac{1}{2\tau} \pm \sqrt{\left(\frac{1}{2\tau}\right)^2 - \omega^2} \tag{2.7}$$

右辺第 2 項の $\pm$ で，$+$ としたものを λ_+，$-$ としたものを λ_- とすると，微分方程式 (2.4) の一般解は

$$x = C_+ e^{\lambda_+ t} + C_- e^{\lambda_- t} \tag{2.8}$$

ただし，C_+ と C_- は初期条件から決まる定数である．

初期条件が $t=0$ のとき，$x = x_0, v = v_0$ とすると

$$x = \frac{\lambda_+ e^{\lambda_- t} - \lambda_- e^{\lambda_+ t}}{\lambda_+ - \lambda_-} x_0 + \frac{e^{\lambda_+ t} - e^{\lambda_- t}}{\lambda_+ - \lambda_-} v_0 \tag{2.9}$$

例題 2.2 式 (2.9) を示せ．

解 初期条件より $C_+ + C_- = x_0, \lambda_+ C_+ + \lambda_- C_- = v_0$．この 2 式より，$C_+$ と C_- を求めて式 (2.8) に代入すれば式 (2.9) を得る．

抵抗が存在する場合の振動は，以下の 3 つの場合に分けられる．

1) $2\omega\tau > 1$ の場合

このとき，

$$\Omega = \sqrt{\omega^2 - \left(\frac{1}{2\tau}\right)^2} \tag{2.10}$$

とおくと，場合の条件より Ω は実数となる．$\lambda_\pm$ は

$$\lambda_\pm = -\frac{1}{2\tau} \pm i\Omega \tag{2.11}$$

と書けるから，式 (2.8) より

$$x = e^{-\frac{t}{2\tau}} \left(C_+ e^{i\Omega t} + C_- e^{-i\Omega t} \right) \tag{2.12}$$

x は実数だから，$x^* = x$．この条件より，A と δ を実数として，$C_+ = A\exp(i\delta)$ とおくと，$C_- = A\exp(-i\delta)$．よって，

$$x = A e^{-\frac{t}{2\tau}} \cos(\Omega t + \delta) \tag{2.13}$$

減衰がないときの式 (1.5) との違いは，次の 2 点である．

a) 振幅が時間とともに減衰する．
b) 単振動の角振動数が ω から，Ω に変わっている．

$\omega\tau = 3, 2, 1$ の場合の式 (2.13) を示したのが図 2.2 である．$e^{-\frac{t}{2\tau}}$ の因子の存在によって，振幅が減衰しながら振動する．この振動を**減衰振動** (damped oscillation) とよぶ．

2) $2\omega\tau < 1$ の場合

この場合，式 (2.7) の右辺の根号の中が正だから，λ_+ も λ_- も負の実数

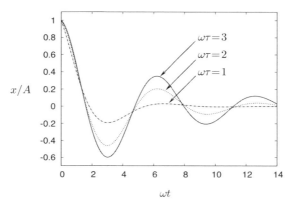

図 2.2 抵抗が存在する場合の減衰振動

である.よって,振動成分は存在せず,x が単調に減衰するだけである.この場合を**過減衰**とよぶ.$\exp(\lambda_- t)$ と $\exp(\lambda_+ t)$ のどちらも単調減少する関数だが,図 2.3 に示したように,$\exp(\lambda_- t)$ のほうが $\exp(\lambda_+ t)$ よりも速く減衰する.

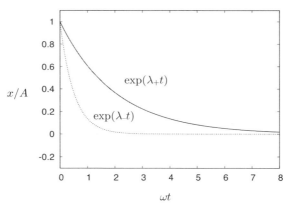

図 2.3 過減衰の 2 つの成分 $\exp(\lambda_- t)$ と $\exp(\lambda_+ t)$

3) $2\omega\tau = 1$ の場合

この場合,注意が必要である.式 (2.11) で $\Omega = 0$ となるが,Ω が有限だとして $\Omega \to 0$ の極限をとることで x の式を求めよう.このとき,式

(2.9) を用いるのが便利である．式 (2.9) に式 (2.11) を代入して

$$x = \frac{\left(-\frac{1}{2\tau}+i\Omega\right)e^{-i\Omega t}+\left(\frac{1}{2\tau}+i\Omega\right)e^{i\Omega t}}{2i\Omega}e^{-\frac{t}{2\tau}}x_0 + \frac{e^{i\Omega t}-e^{-i\Omega t}}{2i\Omega}e^{-\frac{t}{2\tau}}v_0$$
$$= \frac{\sin(\Omega t)}{2\tau\Omega}e^{-\frac{t}{2\tau}}x_0 + e^{-\frac{t}{2\tau}}x_0\cos(\Omega t) + \frac{\sin(\Omega t)}{\Omega}e^{-\frac{t}{2\tau}}v_0$$

$\Omega \to 0$ の極限をとると

$$x = [x_0 + (v_0 + x_0\omega)t]e^{-\omega t} \tag{2.14}$$

ただし，場合の条件から得られる $1/(2\tau) = \omega$ を用いた．この場合にも振動せずに減衰する解となるが，過減衰の場合よりも減衰が速く，**臨界減衰** (critical damping) とよばれる [*2]．$v_0/(\omega x_0)$ のさまざまな値に対して，x をプロットしたのが図 2.4 である．

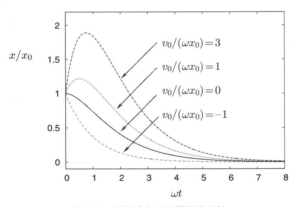

図 2.4　臨界減衰の初期値依存性

2.2　重ね合わせの原理

この節で，振動現象一般にみられる重要な性質について述べておこう．減衰

[*2] 車のサスペンションの振動をダンパーで減衰させるような場合，臨界減衰の条件をみたすようにすれば最も速く振動が減衰する．

項が存在する振動の方程式 (2.4) は，次のように書くことができる．

$$\widehat{L}x = 0 \qquad (2.15)$$

$\widehat{L}$ を**作用素** (operator) とよぶ．方程式 (2.4) の場合には，次式で与えられる．

$$\widehat{L} = \frac{d^2}{dt^2} + \frac{1}{\tau}\frac{d}{dt} + \omega^2 \qquad (2.16)$$

このように，x になんらかの演算子が作用する形で書ける微分方程式を**線形微分方程式** (linear differential equation) とよぶ．振動現象の多くが，線形微分方程式によって記述される．線形微分方程式の解は，**重ね合わせの原理** (principle of superposition) という重要な原理に従う．これを説明しよう．

いま，x_1, x_2 が微分方程式 (2.15) の解であるとする．このとき $\widehat{L}x_1 = 0, \widehat{L}x_2 = 0$．よって，$a_1$ および a_2 を定数として，x_1 と x_2 の線形結合

$$x = a_1 x_1 + a_2 x_2 \qquad (2.17)$$

を考えると，x も微分方程式 (2.15) の解になる．線形の微分方程式 (2.15) がもつこの性質を重ね合わせの原理とよぶ．

一般に，線形の微分方程式の解が $x_1, x_2, \ldots, x_n$ のとき，これらの線形結合

$$x = \sum_{j=1}^{n} a_j x_j \qquad (2.18)$$

も，重ね合わせの原理により解となる．

例題 2.3 単振り子の振動は，次の微分方程式によって記述される．

$$\frac{d^2\theta}{dt^2} + \frac{g}{\ell}\sin\theta = 0 \qquad (2.19)$$

θ は振り子の振れ角，g は重力加速度，ℓ は振り子の長さである．
1) $\sin\theta \simeq \theta$ と近似したとき，重ね合わせの原理が成り立つことを確かめよ．
2) $\sin\theta \simeq \theta - \theta^3/6$ と近似したとき，重ね合わせの原理が成り立たないことを確かめよ．

解
1) $\sin\theta \simeq \theta$ と近似すると，

$$\frac{d^2\theta}{dt^2} + \frac{g}{\ell}\theta \simeq 0 \qquad (2.20)$$

θ_1 と θ_2 がこの微分方程式の解だとする．このとき，a_1, a_2 を定数として，$a_1\theta_1 + a_2\theta_2$ を微分方程式に代入すると

$$\frac{d^2}{dt^2}(a_1\theta_1 + a_2\theta_2) + \frac{g}{\ell}(a_1\theta_1 + a_2\theta_2) \tag{2.21}$$

$$= a_1\left(\frac{d^2}{dt^2}\theta_1 + \frac{g}{\ell}\theta_1\right) + a_2\left(\frac{d^2}{dt^2}\theta_2 + \frac{g}{\ell}\theta_2\right) \simeq 0 \tag{2.22}$$

よって，重ね合わせの原理が成り立つ．

2) $\sin\theta \simeq \theta - \theta^3/6$ と近似して，θ_1 と θ_2 が解だとすると，$j = 1, 2$ として

$$\frac{d^2}{dt^2}\theta_j + \frac{g}{\ell}\left(\theta_j - \frac{1}{6}\theta_j^3\right) \simeq 0 \tag{2.23}$$

前問と同様に $a_1\theta_1 + a_2\theta_2$ を微分方程式に代入すると，

$$\frac{d^2}{dt^2}(a_1\theta_1 + a_2\theta_2) + \frac{g}{\ell}\left[(a_1\theta_1 + a_2\theta_2) - \frac{1}{6}(a_1\theta_1 + a_2\theta_2)^3\right]$$

$$= \sum_{j=1,2} a_j\left[\frac{d^2}{dt^2}\theta_j + \frac{g}{\ell}\left(\theta_j - \frac{1}{6}\theta_j^3\right)\right] - \frac{g}{2\ell}\left(a_1^2 a_2 \theta_1^2 \theta_2 + a_1 a_2^2 \theta_1 \theta_2^2\right)$$

$$\simeq -\frac{g}{2\ell}\left(a_1^2 a_2 \theta_1^2 \theta_2 + a_1 a_2^2 \theta_1 \theta_2^2\right)$$

よって，重ね合わせの原理が成り立たない．

2.3 強制振動

ばねによる力と抵抗力が存在する場合の物体の運動方程式 (2.3) に，さらに周期的な外力

$$F\cos(\Omega t) \tag{2.24}$$

が作用している系を考えよう．F と Ω は定数で，Ω は外力の角振動数である．x が従う微分方程式は

$$\frac{d^2 x}{dt^2} = -\omega^2 x - \frac{1}{\tau}\frac{dx}{dt} + f\cos(\Omega t) \tag{2.25}$$

となる．ただし，$f = F/m$ とおいた．この微分方程式の解はどのようにして求められるであろうか．

この点を説明するために，まず数学的な用語の定義をする．微分方程式 (2.25) において，外力が存在しない場合（すなわち $f = 0$ のとき），

$$\frac{d^2x}{dt^2} = -\omega^2 x - \frac{1}{\tau}\frac{dx}{dt} \tag{2.26}$$

この微分方程式では，すべての項が x について 1 次である．このように，求めるべき関数（この場合は x）についてすべての項の次数が等しい（斉しい）微分方程式を**斉次微分方程式**とよぶ．また，微分方程式 (2.25) のように，次数が等しくない項（$f\cos(\Omega t)$ の項）が存在する微分方程式を**非斉次微分方程式**とよぶ．

非斉次微分方程式の解は，次のように書ける．

（非斉次微分方程式の解）＝（特解）＋（斉次微分方程式の一般解） (2.27)

ここで**特解**とは，非斉次微分方程式の任意の解である．どんな解でもよい．斉次微分方程式の一般解はすでに求めたように式 (2.8) で与えられる．一般に，特解は初期条件をみたさない．初期条件は，斉次微分方程式の一般解の部分を調整することでみたすことができる [*3]．

さて，式 (2.27) の関係を示そう．x_1 と x_2 が非斉次微分方程式 (2.25) の解だとする．このとき，

$$\frac{d^2x_1}{dt^2} = -\omega^2 x_1 - \frac{1}{\tau}\frac{dx_1}{dt} + f\cos(\Omega t)$$

$$\frac{d^2x_2}{dt^2} = -\omega^2 x_2 - \frac{1}{\tau}\frac{dx_2}{dt} + f\cos(\Omega t)$$

辺々ひくと

$$\frac{d^2}{dt^2}y = -\omega^2 y - \frac{1}{\tau}\frac{d}{d\tau}y \tag{2.28}$$

ここで $y = x_1 - x_2$ である．よって，y は斉次微分方程式をみたす．すなわち，非斉次微分方程式 (2.25) の 2 つの解 x_1 と x_2 の違いは，斉次微分方程式の一般解の分だけということになる．

このことから，次のことが言える．非斉次微分方程式 (2.25) の解（特解）を

[*3] 解が式 (2.27) のような形式で与えられる例は，物理に多く現れる．電磁気学では，電荷分布が与えられたとき，ポテンシャルはポアソン方程式を解くことで求められる．ポアソン方程式は非斉次微分方程式である．電荷分布が存在しない空間では，ポテンシャルは，斉次微分方程式であるラプラス方程式に従う．ポテンシャルについての境界条件は，ラプラス方程式の一般解によってみたされる．

1つみつけることができたとする．非斉次微分方程式 (2.25) の他の解は，特解に斉次微分方程式の一般解を付加することで得られる．したがって，非斉次微分方程式 (2.25) の解は，式 (2.27) の形で与えられる．

このような考察から，非斉次微分方程式 (2.25) の解を1つでもみつければよいということになる．以下では，非斉次微分方程式 (2.25) の解を2通りの方法で求めよう．1つの方法はこの節で説明する初等的な解法である．もう1つの方法は，**フーリエ変換** (Fourier transform) を用いる解法である．この解法については 2.5 節で説明する．

初等的な方法で非斉次微分方程式 (2.25) の解を求める方法は以下の通りである．解として，

$$x = A\cos(\Omega t) + B\sin(\Omega t) \tag{2.29}$$

を仮定して，式 (2.25) に代入する．簡単な計算により

$$\left(\omega^2 - \Omega^2\right)[A\cos(\Omega t) + B\sin(\Omega t)]$$
$$= -\frac{\Omega}{\tau}[-A\sin(\Omega t) + B\cos(\Omega t)] + f\cos(\Omega t)$$

この式が任意の t について成り立つとして，両辺の $\cos(\Omega t)$ と $\sin(\Omega t)$ の係数を比較して $(\omega^2 - \Omega^2)A = -\frac{\Omega}{\tau}B + f$, $(\omega^2 - \Omega^2)B = \frac{\Omega}{\tau}A$. この2式より A と B を求めると

$$A = \frac{\omega^2 - \Omega^2}{(\omega^2 - \Omega^2)^2 + (\Omega/\tau)^2}f \tag{2.30}$$

$$B = \frac{\Omega/\tau}{(\omega^2 - \Omega^2)^2 + (\Omega/\tau)^2}f \tag{2.31}$$

よって，非斉次微分方程式 (2.25) の特解は

$$x = \frac{f}{(\omega^2 - \Omega^2)^2 + (\Omega/\tau)^2}\left[\left(\omega^2 - \Omega^2\right)\cos(\Omega t) + \frac{\Omega}{\tau}\sin(\Omega t)\right] \tag{2.32}$$

となる．したがって，非斉次微分方程式 (2.25) の解は斉次微分方程式の一般解が式 (2.8) であることから

$$x = \frac{f}{(\omega^2 - \Omega^2)^2 + (\Omega/\tau)^2}\left[\left(\omega^2 - \Omega^2\right)\cos(\Omega t) + \frac{\Omega}{\tau}\sin(\Omega t)\right]$$
$$+ C_+ e^{\lambda_+ t} + C_- e^{\lambda_- t} \tag{2.33}$$

式 (2.33) の定数 C_+ と C_- は初期条件から決まる．しかし，C_+ と C_- を求めることはあまり重要ではない．$2\omega\tau > 1$ の場合を考えると，$t \gg \tau$ において，式 (2.33) の右辺の第 2 項と第 3 項は減衰する．このとき，式 (2.33) は式 (2.32) で近似できる．

さて，式 (2.32) は，次のように書き換えられる．

$$x = \frac{f}{\sqrt{(\omega^2 - \Omega^2)^2 + (\Omega/\tau)^2}} \cos(\Omega t - \delta) \tag{2.34}$$

ここで，$0 \leq \delta \leq \pi$ として

$$\tan\delta = \frac{\Omega/\tau}{\omega^2 - \Omega^2} \tag{2.35}$$

である．式 (2.34) より，x は ω ではなく，外力と同じ角振動数 Ω で振動することがわかる．このような振動を**強制振動** (forced oscillation) とよぶ．ただし，外力と x の位相は δ だけずれていることに注意しよう．一般に，$\delta \neq 0$ である．つまり，外力の振幅が最大のとき，x の振幅は必ずしも最大ではないということになる．

2.4　共　　鳴

前節で述べた強制振動において，Ω を変化させると $\Omega = \omega$ のときに共鳴 (resonance) を起こす．この現象を詳しくみてみよう．

図 2.5(a)，(b) に，式 (2.34) の振幅部分

$$A(\Omega) = \frac{f}{\sqrt{(\omega^2 - \Omega^2)^2 + (\Omega/\tau)^2}} \tag{2.36}$$

と位相 δ の Ω 依存性を示す．図 2.5 からわかるように，$A(\Omega)$ も δ も $\omega\tau$ に依存する．$\omega\tau$ が大きい場合は，減衰が弱い．このとき，図 2.5(a) より $A(\Omega)$ は $\Omega \simeq \omega$ でピークをもつ．簡単な計算で，$\omega\tau \geq 1/\sqrt{2}$ のときピークが存在することがわかる．また，$\Omega = \omega$ のとき，$\delta = \pi/2$ となる．このとき，$x \propto \sin(\Omega t)$ となる．一方，外力の時間依存性は $\cos(\Omega t)$ である．よって，外力の振幅が最

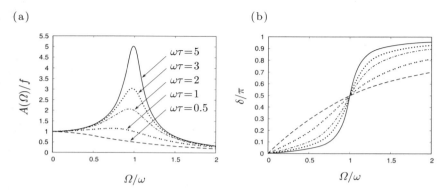

図 2.5 (a) 強制振動における振幅と (b) 位相のずれ δ の Ω 依存性. Ω は外力の角振動数. $\omega\tau$ が大きいほど減衰が弱い.

大のとき, $x = 0$ となる [*4].

2.4.1 強制振動によるエネルギー吸収

周期的に変動する外力から, 系が吸収するエネルギーを計算しよう. 外力の作用による x の変化が dx のとき, 外力がなした仕事は (外力) $\times dx$ となる. よって, 外力の周期 $T = 2\pi/\Omega$ の間に, 外力 $F\cos(\Omega t)$ が系になす仕事 W は

$$W = \int_{1\,\text{周期}} dx F \cos(\Omega t) = \int_0^T dt \frac{dx}{dt} F \cos(\Omega t) \tag{2.37}$$

$t \gg \tau$ を仮定して, 式 (2.29) を代入して計算する. ただし, A と B はそれぞれ式 (2.30) と式 (2.31) で与えられる.

$$W(\Omega) = F \int_0^T dt \Omega \cos(\Omega t) \left[-A \sin(\Omega t) + B \cos(\Omega t) \right]$$

$$= F \int_0^T dt \Omega \left[-\frac{A}{2} \sin(2\Omega t) + \frac{B}{2} (1 + \cos(2\Omega t)) \right]$$

$T = 2\pi/\Omega$ より, 三角関数の積分はゼロになるから,

$$W(\Omega) = \frac{B\Omega}{2} TF = \frac{mf^2}{2} T \frac{\Omega^2/\tau}{(\omega^2 - \Omega^2)^2 + (\Omega/\tau)^2} \tag{2.38}$$

[*4] 似たような状況は, ブランコをこぐときをイメージするとよい. ブランコのゆれ (x に相当する) が最小のあたりで, ブランコをこぐ (外力に相当する) ともっとも効率よくブランコをこぐことができる.

2番目の等号では式 (2.31) を用いた.

よって，単位時間あたりに吸収するエネルギーを $P(\Omega)$ とすると

$$P(\Omega) = \frac{W(\Omega)}{T} = \frac{m\tau f^2}{2} \frac{(\Omega/\tau)^2}{(\omega^2 - \Omega^2)^2 + (\Omega/\tau)^2} \tag{2.39}$$

$1/P(\Omega)$ を考えるとすぐにわかるように，$P(\Omega)$ は $\Omega = \pm\omega$ で最大値をとる.

$P(\Omega)$ を図示したのが図 2.6 である. ただし，$P_0 = m\tau f^2/2$ とした. τ が大きく減衰が小さい場合には，ピークが鋭くなる. このように，$\Omega = \omega$ で共鳴が起きる場合には，エネルギー吸収が最大になる.

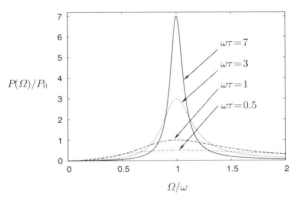

図 2.6 外力から吸収するエネルギーの Ω 依存性. 減衰が弱いほど ($\omega\tau$ が大きいほど), $\Omega = \omega$ でのピークが鋭くなる.

例題 2.4 $P(\Omega)$ が $\Omega = \pm\omega$ で最大値をとることを示せ.

解

$$\frac{1}{P(\Omega)} = \frac{2}{m\tau f^2}\left[1 + \tau^2\left(\frac{\omega^2}{\Omega} - \Omega\right)^2\right] \geq \frac{2}{m\tau f^2} \tag{2.40}$$

よって，$\omega^2/\Omega - \Omega = 0$，すなわち $\Omega = \pm\omega$ のとき $P(\Omega)$ は最大値をとる.

2.4.2 共鳴の鋭さと Q 値

$\omega\tau \gg 1$ のとき，$P(\Omega)$ は $\Omega = \omega$ 近傍で，

$$P(\Omega) \simeq \frac{m\tau f^2}{2} \frac{1}{4\tau^2(\Omega - \omega)^2 + 1} \tag{2.41}$$

と近似できる(演習問題 2.6 参照).$\Omega = \omega$ で $P(\Omega)$ は最大値をとり,$\Omega = \omega \pm 1/(2\tau)$ のとき最大値の半分の値をとる.最大値の半分の点でのピークの幅を**半値幅** (full width at half maximum, 略して FWHM) とよぶ.$P(\Omega)$ の場合には,$1/\tau$ が半値幅になる.

ピークの鋭さを表す量としては,Q 値が用いられる.$P(\Omega)$ が $\Omega = \Omega_0$ で最大値をとり,$\Omega = \Omega_1$ と $\Omega = \Omega_2$ で最大値の半分の値をとるとする.$\Omega_1 < \Omega_2$ とすれば,半値幅は $\Omega_2 - \Omega_1$ となる.Q 値は次式で定義される.

$$Q = \frac{\Omega_0}{\Omega_2 - \Omega_1} \tag{2.42}$$

Q 値が小さいとき,振動がすぐに減衰することになる.防音材や防振材に使われる材料としては,Q 値の小さい材料が適している.一方,Q 値が大きいとき,外力からのエネルギー吸収率が高いことになる.電波の検知などの用途には Q 値の高い材料が適していることになる.

例題 2.5 式 (2.41) の Q 値が,$Q = \omega\tau$ で与えられることを示せ.

解 式 (2.42) で $\Omega_0 = \omega, \Omega_1 = \omega - 1/(2\tau), \Omega_2 = \omega + 1/(2\tau)$ とおいて

$$Q = \frac{\omega}{(\omega + 1/2\tau) - (\omega - 1/2\tau)} = \omega\tau \tag{2.43}$$

この結果から,図 2.5 や図 2.6 では Q 値が異なる場合を比較しているということになる.

2.5 フーリエ変換による非斉次微分方程式の解法

2.3 節では,非斉次微分方程式 (2.25) を初等的に解いた.この方法はわかりやすいが,外力の時間依存性が単純でない場合には適用できない.ここでは,一般的な外力の場合にも拡張できる方法として,**フーリエ変換** (Fourier transform) による解法を示す.フーリエ変換は,5.3 節で波束の運動を記述するときに用いられるが,微分方程式を解く場合にも有用である.

まず関数 $x(t)$ を,次式で表す.

$$x(t) = \int_{-\infty}^{\infty} d\xi\, e^{-i\xi t} X(\xi) \tag{2.44}$$

2.5 フーリエ変換による非斉次微分方程式の解法

$x(t)$ を求めるには，右辺の $X(\xi)$ がわかればよい．式 (2.44) では，求めようとしている関数 $x(t)$ を積分で表示している．問題を余計に複雑にしたようだが，以下の計算で有用性がわかる．

式 (2.44) を t について微分すると，

$$\frac{d}{dt}x(t) = \frac{d}{dt}\int_{-\infty}^{\infty} d\xi e^{-i\xi t}X(\xi) = \int_{-\infty}^{\infty} d\xi (-i\xi)e^{-i\xi t}X(\xi) \tag{2.45}$$

左辺での微分が，右辺では被積分関数への $-i\xi$ のかけ算になっている点に注意しよう．もう一度，t で微分すると

$$\frac{d^2}{dt^2}x(t) = \int_{-\infty}^{\infty} d\xi \left(-\xi^2\right)e^{-i\xi t}X(\xi) \tag{2.46}$$

このような式が成り立つことから，式 (2.44) を式 (2.25) に代入すると，

$$\int_{-\infty}^{\infty} d\xi e^{-i\xi t}\left(-\xi^2 + \omega^2 - \frac{i}{\tau}\xi\right)X(\xi) = f\cos(\Omega t) \tag{2.47}$$

右辺の $\cos(\Omega t)$ も次式のようにフーリエ変換する．

$$f\cos(\Omega t) = \frac{f}{2}\int_{-\infty}^{\infty} d\xi e^{-i\xi t}[\delta(\xi - \Omega) + \delta(\xi + \Omega)] \tag{2.48}$$

右辺のデルタ関数については付録 A.3 を参照されたい．

この 2 式より

$$\int_{-\infty}^{\infty} d\xi e^{-i\xi t}\left(-\xi^2 + \omega^2 - \frac{i}{\tau}\xi\right)X(\xi)$$
$$= \frac{f}{2}\int_{-\infty}^{\infty} d\xi e^{-i\xi t}[\delta(\xi - \Omega) + \delta(\xi + \Omega)] \tag{2.49}$$

被積分関数が等しいとすれば

$$\left(-\xi^2 + \omega^2 - \frac{i}{\tau}\xi\right)X(\xi) = \frac{f}{2}[\delta(\xi - \Omega) + \delta(\xi + \Omega)] \tag{2.50}$$

式 (2.50) から $X(\xi)$ が

$$X(\xi) = \frac{f}{2}\frac{1}{-\xi^2 + \omega^2 - \frac{i}{\tau}\xi}[\delta(\xi - \Omega) + \delta(\xi + \Omega)] \tag{2.51}$$

と求まる．この式を式 (2.44) に代入すると

$$x(t) = \frac{f}{2}\int_{-\infty}^{\infty} d\xi e^{-i\xi t}\frac{1}{-\xi^2 + \omega^2 - \frac{i}{\tau}\xi}[\delta(\xi - \Omega) + \delta(\xi + \Omega)]$$
$$= \frac{f}{2}\int_{-\infty}^{\infty} d\xi e^{-i\xi t}\frac{1}{-\xi^2 + \omega^2 - \frac{i}{\tau}\xi}\delta(\xi - \Omega)$$
$$+ \frac{f}{2}\int_{-\infty}^{\infty} d\xi e^{-i\xi t}\frac{1}{-\xi^2 + \omega^2 - \frac{i}{\tau}\xi}\delta(\xi + \Omega)$$

デルタ関数を含む積分は簡単に実行できて

$$
\begin{aligned}
x(t) &= \frac{f}{2}\left(\frac{1}{-\Omega^2+\omega^2-\frac{i}{\tau}\Omega}e^{-i\Omega t} + \frac{1}{-\Omega^2+\omega^2+\frac{i}{\tau}\Omega}e^{i\Omega t}\right) \\
&= \frac{f}{2}\left(\frac{1}{-\Omega^2+\omega^2-\frac{i}{\tau}\Omega} + \frac{1}{-\Omega^2+\omega^2+\frac{i}{\tau}\Omega}\right)\cos(\Omega t) \\
&\quad - \frac{if}{2}\left(\frac{1}{-\Omega^2+\omega^2-\frac{i}{\tau}\Omega} - \frac{1}{-\Omega^2+\omega^2+\frac{i}{\tau}\Omega}\right)\sin(\Omega t) \\
&= \frac{f}{(\omega^2-\Omega^2)^2+(\Omega/\tau)^2}\left[\left(\omega^2-\Omega^2\right)\cos(\Omega t) + \frac{\Omega}{\tau}\sin(\Omega t)\right]
\end{aligned}
$$

ゆえに，式 (2.32) の特解と同じ結果が得られる．

演 習 問 題

演習問題 2.1 $t=0$ での初期条件が a を定数として $x=a, dx/dt=0$ で与えられるとき，微分方程式 (2.4) の解を求めよ．ただし，$2\omega\tau > 1$ とする．

演習問題 2.2 $2\omega\tau = 1$ のとき，微分方程式 (2.4) の一般解を $x = f(t)\exp(-\omega t)$ とおいて求めよ．

演習問題 2.3 強制振動の微分方程式 (2.25) において，右辺の第 3 項が $f\exp(i\Omega t)$ に置き換わったときの特解を求めよ．x が実数であることから，式 (2.32) と同じ結果が得られることを示せ．

演習問題 2.4 図 2.7 に示した回路に，交流電圧 $V = V_0\sin(\Omega t + \delta)$ をかける．$t \gg L/R$ において回路に流れる電流を求めよ．

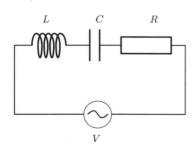

図 2.7 インダクタンス L のコイル，電気容量 C のコンデンサ，抵抗 R からなる回路に，交流電圧 V をかける．

演習問題 2.5 強制振動において,抵抗に抗して単位時間あたりになす仕事が $P(\Omega)$ に等しいことを示せ.ただし,$t \gg \tau$ で考えるとする.

演習問題 2.6 $\omega\tau \gg 1$ のとき,$P(\Omega)$ は $\Omega = \omega$ 近傍で,式 (2.41) のローレンツ関数で近似できることを示せ.

3 連成振動と基準振動

前章までは自由度が1の場合の振動現象を扱ってきた．この章では，自由度が2つ以上あり，互いに相互作用をおよぼしあいながら振動する系を考える．このような多自由度系の振動を連成振動とよぶ．自由度が2以上の振動は，一般に複雑な挙動を示す．こうした複雑な振動現象が，基準振動とよばれる振動の線形結合として表せることを述べる．

3.1 自由度が2つの場合の振動

多自由度の系の振動現象を記述する上で基本となるのは，自由度が2つの場合である．具体的に，ばねでつながれた2つの質点の運動を考えよう．図3.1に示したように，ともに質量 m の質点がばね定数 k' のばねでつながれている．それぞれの質点は，壁とばね定数 k のばねでつながれている．図の右向きを正として，質点の変位をそれぞれ x と y で表す．

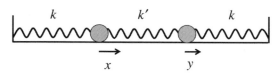

図 3.1 2つの質点の連成振動

この系の運動方程式は，それぞれのばねによる力を考えて

$$m\frac{d^2x}{dt^2} = -(k+k')x + k'y \tag{3.1}$$

$$m\frac{d^2y}{dt^2} = -(k+k')y + k'x \tag{3.2}$$

となる．この運動方程式を2つの解き方で解こう．まず，初等的な解法を示し，次に多自由度系にも拡張できる解法を示す．

式 (3.1) と式 (3.2) の運動方程式は，初等的には次のように解ける．まず，式 (3.1) と式 (3.2) を辺々たすと

$$m\frac{d^2}{dt^2}(x+y) = -k(x+y) \tag{3.3}$$

また，式 (3.1) と式 (3.2) を辺々ひくと

$$m\frac{d^2}{dt^2}(x-y) = -(k+2k')(x-y) \tag{3.4}$$

式 (3.3) および式 (3.4) は，いずれも単振動の微分方程式である．よって，それぞれの解は

$$x+y = A\cos(\omega_+ t + \delta_+) \tag{3.5}$$

および

$$x-y = B\cos(\omega_- t + \delta_-) \tag{3.6}$$

となる．ただし，

$$\omega_+ = \sqrt{\frac{k}{m}}, \qquad \omega_- = \sqrt{\frac{k+2k'}{m}} \tag{3.7}$$

である．定数 $A, B, \delta_\pm$ は初期条件から決まる．

式 (3.5) と式 (3.6) より，次式が得られる．

$$x = \frac{A}{2}\cos(\omega_+ t + \delta_+) + \frac{B}{2}\cos(\omega_- t + \delta_-) \tag{3.8}$$

$$y = \frac{A}{2}\cos(\omega_+ t + \delta_+) - \frac{B}{2}\cos(\omega_- t + \delta_-) \tag{3.9}$$

例題 3.1 角振動数が ω_+ の振動において，2 つの質点はどのように振動するか．角振動数が ω_- の場合はどうか．

解 角振動数が ω_+ の振動を考えるために，式 (3.8) と式 (3.9) において，$B=0$ とおくと $x=y$ であることがわかる．よって，2 つの質点が同じ位相で振動する．このような振動を，同位相の振動とよぶ．一方，式 (3.8) と式 (3.9) において，$A=0$ とおくと $x=-y$ であることがわかる．変位がちょうど逆向きになるから，この場合の振動を，逆位相の振動とよぶ．このとき 2 つの質点の振動の位相は π ずれている．

さて，式 (3.1) と式 (3.2) の運動方程式は，このように初等的に解くことがで

きる．しかし，この初等的な解法を一歩退いてみてみると，素朴な疑問がわきおこる．なぜ，$x+y$ や $x-y$ の組み合わせを考えるとうまく解けるのであろうか．この疑問に明確な答を与えるのが，もう1つの線形代数を利用する解法である．この方法は，多自由度系にも拡張できる．

まず，式 (3.1) と式 (3.2) の運動方程式を次のように書き換える．

$$m\frac{d^2}{dt^2}\begin{pmatrix} x \\ y \end{pmatrix} = -A\begin{pmatrix} x \\ y \end{pmatrix} \tag{3.10}$$

ここで A は 2×2 行列で，次式で与えられる．

$$A = \begin{pmatrix} k+k' & -k' \\ -k' & k+k' \end{pmatrix} \tag{3.11}$$

例題 3.2 行列 A の固有値と固有ベクトルを求めよ．

解 行列 A の固有方程式は

$$\det\left(A - \lambda\hat{1}\right) = \det\begin{pmatrix} k+k'-\lambda & -k' \\ -k' & k+k'-\lambda \end{pmatrix} = 0 \tag{3.12}$$

ここで $\hat{1}$ は 2×2 の単位行列である．この固有方程式を解くと，$\lambda = k,\ k+2k'$. 固有ベクトルは，次式を解くことで得られる．

$$\begin{pmatrix} k+k'-\lambda & -k' \\ -k' & k+k'-\lambda \end{pmatrix}\begin{pmatrix} a \\ b \end{pmatrix} = 0 \tag{3.13}$$

$\lambda = k$ を代入して，$a = b$ を得る．また，$\lambda = k+2k'$ を代入すると，$a = -b$ を得る．よって，規格化した固有ベクトルは

$$\frac{1}{\sqrt{2}}\begin{pmatrix} 1 \\ 1 \end{pmatrix}, \qquad \frac{1}{\sqrt{2}}\begin{pmatrix} 1 \\ -1 \end{pmatrix} \tag{3.14}$$

行列 A の固有ベクトルを用いて，次の行列 U を定義する．

$$U = \frac{1}{\sqrt{2}}\begin{pmatrix} 1 & 1 \\ 1 & -1 \end{pmatrix} \tag{3.15}$$

この行列 U について，$U^{\mathrm{T}} U = \hat{1}$ であることが簡単に示せる．ここで U^{T} は U

3.1 自由度が2つの場合の振動

の転置行列である [*1].

行列 U を用いて,
$$\begin{pmatrix} x \\ y \end{pmatrix} = U \begin{pmatrix} p \\ q \end{pmatrix} \tag{3.16}$$
と変数変換する. 式 (3.10) より
$$m\frac{d^2}{dt^2} U \begin{pmatrix} p \\ q \end{pmatrix} = -AU \begin{pmatrix} p \\ q \end{pmatrix} \tag{3.17}$$
両辺に左から U^{T} をかけると
$$m\frac{d^2}{dt^2} \begin{pmatrix} p \\ q \end{pmatrix} = -U^{\mathrm{T}} AU \begin{pmatrix} p \\ q \end{pmatrix} \tag{3.18}$$
ここで $U^{\mathrm{T}} U = \hat{1}$ であることを用いた.

右辺の $U^{\mathrm{T}} AU$ を計算すると
$$\begin{aligned} U^{\mathrm{T}} AU &= \frac{1}{2} \begin{pmatrix} 1 & 1 \\ 1 & -1 \end{pmatrix} \begin{pmatrix} k+k' & -k' \\ -k' & k+k' \end{pmatrix} \begin{pmatrix} 1 & 1 \\ 1 & -1 \end{pmatrix} \\ &= \frac{1}{2} \begin{pmatrix} 1 & 1 \\ 1 & -1 \end{pmatrix} \begin{pmatrix} k & k+2k' \\ k & -k-2k' \end{pmatrix} = \begin{pmatrix} k & 0 \\ 0 & k+2k' \end{pmatrix} \end{aligned}$$
よって, 行列 U による変換によって行列 A が対角化されるから式 (3.18) より
$$\frac{d^2}{dt^2} \begin{pmatrix} p \\ q \end{pmatrix} = - \begin{pmatrix} \omega_+^2 & 0 \\ 0 & \omega_-^2 \end{pmatrix} \begin{pmatrix} p \\ q \end{pmatrix} \tag{3.19}$$
ここで $\omega_\pm$ は式 (3.7) で与えられている.

結果として, 運動方程式 (3.10) は, 次の2つの独立な単振動の運動方程式に分離される.
$$\frac{d^2}{dt^2} p = -\omega_+^2 p, \qquad \frac{d^2}{dt^2} q = -\omega_-^2 q \tag{3.20}$$
p と q を**基準座標** (normal coordinate), p と q の単振動を**基準振動** (normal

---

[*1] いま考えている行列 U については, $U^{\mathrm{T}} = U$ が成り立つ. しかし, 後で考察する多自由度系では, 一般に $U^{\mathrm{T}} \neq U$ である. 多自由度系の場合と対応させるために, 以下の計算では U^{T} と U を区別して書く.

oscillation) とよぶ.

運動方程式 (3.10) から,基準振動を見出した手順をまとめると以下のようになる.

1) 行列 A の固有値を求める.固有値から,基準振動の角振動数（$\omega_\pm$）が求められる.
2) 行列 A の固有ベクトルをもとに,行列 U を構成する.
3) 行列 U を用いて,変数変換（式 (3.16)）を行う.
4) この変数変換により,運動方程式が単振動の方程式に分離される.

さて,初等的な解法との対応について述べておこう.式 (3.16) を p および q について解くと

$$\begin{pmatrix} p \\ q \end{pmatrix} = U^{\mathrm{T}} \begin{pmatrix} x \\ y \end{pmatrix} = \frac{1}{\sqrt{2}} \begin{pmatrix} x+y \\ x-y \end{pmatrix} \tag{3.21}$$

この式から,初等的な方法で運動方程式を解いたときの x と y の組み合わせは,基準座標 p と q に対応していたことがわかる.

3.2　多自由度系の基準振動

自由度が 2 以上の一般の多自由度系の振動を考えよう.n 個の自由度 $x_1, x_2, \ldots, x_n$ の系を考える.x_j として一般の変数を考えてもよいが,ここでは質点の座標を表すとする.

さて,振動現象に関係するエネルギーとしては,x_j の運動エネルギーとポテンシャルエネルギーがある.系のポテンシャルエネルギーが,

$$V = V(x_1, x_2, \ldots, x_n) = V(\boldsymbol{x}) \tag{3.22}$$

で与えられているとする.ここで $\boldsymbol{x} = (x_1, x_2, \ldots, x_n)$ である.

振動現象が現れるのは,ポテンシャル V が極小点をもち,$\boldsymbol{x}$ がその極小点近傍で変化する場合である.いま,ポテンシャル V が $\boldsymbol{x} = \boldsymbol{a}$ に極小点をもつとする.V を $\boldsymbol{x} = \boldsymbol{a}$ のまわりに展開すると

$$V(\boldsymbol{x}) = V(\boldsymbol{a} + (\boldsymbol{x} - \boldsymbol{a}))$$
$$= V(\boldsymbol{a}) + \sum_{j=1}^{n} \left.\frac{\partial V}{\partial x_j}\right|_{\boldsymbol{x}=\boldsymbol{a}} (x_j - a_j)$$
$$+ \frac{1}{2}\sum_{i=1}^{n}\sum_{j=1}^{n} \left.\frac{\partial^2 V}{\partial x_i \partial x_j}\right|_{\boldsymbol{x}=\boldsymbol{a}} (x_i - a_i)(x_j - a_j) + \cdots \quad (3.23)$$

(偏微分については，付録 A.4 を参照されたい.)

仮定より，$\boldsymbol{x} = \boldsymbol{a}$ は極小点だから，

$$\left.\frac{\partial V}{\partial x_j}\right|_{\boldsymbol{x}=\boldsymbol{a}} = 0 \quad (3.24)$$

また，$\boldsymbol{x}$ が極小点 $\boldsymbol{a}$ の近傍にあるとすれば，式 (3.23) の右辺第 2 項までで近似してよい．よって，

$$V(\boldsymbol{x}) \simeq V(\boldsymbol{a}) + \frac{1}{2}\sum_{i=1}^{n}\sum_{j=1}^{n} k_{ij}(x_i - a_i)(x_j - a_j) \quad (3.25)$$

ここで

$$k_{ij} = \left.\frac{\partial^2 V}{\partial x_i \partial x_j}\right|_{\boldsymbol{x}=\boldsymbol{a}} \quad (3.26)$$

とおいた．偏微分の順序は入れ替えることができるから，$k_{ji} = k_{ij}$ である.

さて，x_j に働く力を F_j とすると

$$F_j = -\frac{\partial V}{\partial x_j} = -\frac{1}{2}\sum_{i=1}^{n} k_{ij}(x_i - a_i) - \frac{1}{2}\sum_{i=1}^{n} k_{ji}(x_i - a_i)$$
$$= -\sum_{i=1}^{n} k_{ij}(x_i - a_i)$$

ここで 3 番目の等号では，$k_{ji} = k_{ij}$ を用いた．同様に，x_i に働く力は

$$F_i = -\sum_{j=1}^{n} k_{ij}(x_j - a_j) \quad (3.27)$$

x_j に関係する質点の質量を m_j として，運動エネルギーが

$$\frac{1}{2}\sum_{j=1}^{n} m_j \left(\frac{dx_j}{dt}\right)^2 \quad (3.28)$$

で与えられる場合，系の運動方程式は

$$M\frac{d^2}{dt^2}\boldsymbol{x} = -K(\boldsymbol{x}-\boldsymbol{a}) \tag{3.29}$$

と書ける．ここで $n\times n$ 行列 K の ij 成分は k_{ij} であり，$n\times n$ 行列 M は次式で与えられる．

$$M = \begin{pmatrix} m_1 & 0 & 0 & \cdots & 0 \\ 0 & m_2 & 0 & \ddots & \vdots \\ 0 & 0 & \ddots & 0 & 0 \\ \vdots & \ddots & 0 & m_{n-1} & 0 \\ 0 & \cdots & 0 & 0 & m_n \end{pmatrix} \tag{3.30}$$

例題 3.3 質量 m_a と質量 m_b の 2 つの質点が，ばね定数 k のばねでつながれており，x-y 平面上を運動している．それぞれの質点の座標を $(x_1, x_2), (x_3, x_4)$ とする．

1) ポテンシャルエネルギーが

$$V = \frac{1}{2}k\left[(x_1-x_3)^2 + (x_2-x_4)^2\right] \tag{3.31}$$

で与えられるとき，質量 m_a の質点に働く力を求めよ [*2]．

2) この系の運動方程式をかけ．

解

1) 質量 m_a の質点に働く力を (F_1, F_2) とおくと

$$F_1 = -\frac{\partial V}{\partial x_1} = -k(x_1-x_3) \tag{3.32}$$

$$F_2 = -\frac{\partial V}{\partial x_2} = -k(x_2-x_4) \tag{3.33}$$

2) 運動エネルギーは

$$\frac{1}{2}m_a\left[\left(\frac{dx_1}{dt}\right)^2 + \left(\frac{dx_2}{dt}\right)^2\right] + \frac{1}{2}m_b\left[\left(\frac{dx_3}{dt}\right)^2 + \left(\frac{dx_4}{dt}\right)^2\right] \tag{3.34}$$

よって，運動方程式は次式で与えられる．

[*2] 簡単のため，ばねの自然長をゼロとしている．

$$\begin{pmatrix} m_a & 0 & 0 & 0 \\ 0 & m_a & 0 & 0 \\ 0 & 0 & m_b & 0 \\ 0 & 0 & 0 & m_b \end{pmatrix} \frac{d^2}{dt^2} \begin{pmatrix} x_1 \\ x_2 \\ x_3 \\ x_4 \end{pmatrix}$$

$$= - \begin{pmatrix} k & 0 & -k & 0 \\ 0 & k & 0 & -k \\ -k & 0 & k & 0 \\ 0 & -k & 0 & k \end{pmatrix} \begin{pmatrix} x_1 \\ x_2 \\ x_3 \\ x_4 \end{pmatrix} \quad (3.35)$$

さて,式 (3.29) を成分で書くと

$$m_i \frac{d^2}{dt^2} x_i = - \sum_{j=1}^{n} k_{ij} (x_j - a_j) \quad (3.36)$$

ここで両辺を $\sqrt{m_i}$ でわり,

$$\sqrt{m_i} (x_i - a_i) = y_i \quad (3.37)$$

とおくと,$\frac{d^2}{dt^2} y_i = - \sum_{j=1}^{n} a_{ij} y_j$. ただし,

$$a_{ij} = \frac{k_{ij}}{\sqrt{m_i m_j}} \quad (3.38)$$

ij 成分が a_{ij} である行列 A を用いて書くと,$\boldsymbol{y} = (y_1, y_2, \ldots, y_n)$ として

$$\frac{d^2}{dt^2} \boldsymbol{y} = -A\boldsymbol{y} \quad (3.39)$$

式 (3.38) において $k_{ji} = k_{ij}$ だから,$a_{ji} = a_{ij}$ であることがわかる.よって,行列 A は実対称行列である.付録 A.9 に示したように,実対称行列は直交行列を用いて対角化することができる.したがって,前節で考えた 2 自由度の系と同様に,次のような手順で系の基準振動を見出すことができる.

1) 行列 A の固有値 $\alpha_1, \alpha_2, \ldots, \alpha_n$ を求める.基準振動の角振動数は,$\omega_j = \sqrt{\alpha_j} (j = 1, 2, \ldots, n)$ となる.
2) 行列 A の固有ベクトルをもとに,直交行列 U を構成する.
3) 基準振動の基準座標 $\boldsymbol{p} = (p_1, p_2, \ldots, p_n)$ は,次式で与えられる.

$$\boldsymbol{p} = U^{\mathrm{T}} \boldsymbol{y} \quad (3.40)$$

4）基準座標 p_j の運動方程式は，次の単振動の方程式に従う．

$$\frac{d^2 p_j}{dt^2} = -\omega_j^2 p_j \tag{3.41}$$

例題 3.4 質量がそれぞれ m_1, m_2, m_3 の 3 つの質点が図 3.2 に示したようにばね定数 k のばねでつながれている．図の右向きを正として，それぞれの質点の変位を x_1, x_2, x_3 とする．この系の運動方程式を書け．また，変数変換により運動方程式を式 (3.39) の形に変形せよ．

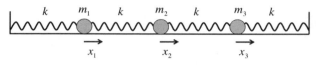

図 3.2 3 つの質点の連成振動

解 運動方程式は，次式で与えられる．

$$\begin{pmatrix} m_1 & 0 & 0 \\ 0 & m_2 & 0 \\ 0 & 0 & m_3 \end{pmatrix} \frac{d^2}{dt^2} \begin{pmatrix} x_1 \\ x_2 \\ x_3 \end{pmatrix} = -\begin{pmatrix} 2k & -k & 0 \\ -k & 2k & -k \\ 0 & -k & 2k \end{pmatrix} \begin{pmatrix} x_1 \\ x_2 \\ x_3 \end{pmatrix} \tag{3.42}$$

変数変換 $\sqrt{m_j} x_j = y_j$ によって書き換えると，

$$\frac{d^2}{dt^2} \begin{pmatrix} y_1 \\ y_2 \\ y_3 \end{pmatrix} = -A \begin{pmatrix} y_1 \\ y_2 \\ y_3 \end{pmatrix} \tag{3.43}$$

ただし，行列 A は次式で与えられる．

$$A = \begin{pmatrix} \frac{2k}{m_1} & -\frac{k}{\sqrt{m_1 m_2}} & 0 \\ -\frac{k}{\sqrt{m_1 m_2}} & \frac{2k}{m_2} & -\frac{k}{\sqrt{m_2 m_3}} \\ 0 & -\frac{k}{\sqrt{m_2 m_3}} & \frac{2k}{m_3} \end{pmatrix} \tag{3.44}$$

行列 A は実対称行列である．

例題 3.5 前例題において，$m_1 = m_2 = m_3 = m$ のとき，基準振動の角振動数を求めよ．また，角振動数が最大となる基準振動の基準座標を求めよ．

解 与えられた条件より，

$$A = \frac{k}{m} \begin{pmatrix} 2 & -1 & 0 \\ -1 & 2 & -1 \\ 0 & -1 & 2 \end{pmatrix} \tag{3.45}$$

右辺の定数行列の固有方程式は

$$\det \begin{pmatrix} 2-\lambda & -1 & 0 \\ -1 & 2-\lambda & -1 \\ 0 & -1 & 2-\lambda \end{pmatrix} = (2-\lambda)\left[(2-\lambda)^2 - 2\right] = 0 \tag{3.46}$$

この方程式を解いて $\lambda = 2,\ 2 \pm \sqrt{2}$. よって，基準振動の角振動数は

$$\sqrt{\frac{2k}{m}}, \qquad \sqrt{\frac{(2 \pm \sqrt{2})\,k}{m}} \tag{3.47}$$

角振動数が最大の基準振動は $\lambda = 2 + \sqrt{2}$ の場合である．この固有値に対応する固有ベクトルを求め，

$$\begin{pmatrix} y_1 \\ y_2 \\ y_3 \end{pmatrix} = \frac{1}{2} \begin{pmatrix} 1 \\ -\sqrt{2} \\ 1 \end{pmatrix} p \tag{3.48}$$

とおくと，p が基準座標であり，p は次の単振動の方程式に従う．

$$\frac{d^2 p}{dt^2} = -\frac{(2+\sqrt{2})\,k}{m} p \tag{3.49}$$

式 (3.48) の両辺に左から $\begin{pmatrix} 1 & -\sqrt{2} & 1 \end{pmatrix}/2$ をかけて

$$p = \frac{1}{2}\left(y_1 - \sqrt{2}\,y_2 + y_3\right) = \frac{\sqrt{m}}{2}\left(x_1 - \sqrt{2}\,x_2 + x_3\right) \tag{3.50}$$

ただし，$\sqrt{m}\,x_j = y_j$ を用いた．この表式から，中心の質点と両端の質点が逆位相で変位していることがわかる．

3.3　1次元的に連結した N 個の質点系

多自由度系の振動の例として，図 3.3 に示したように直線上にばねで連結された N 個の質点系を考える．

j 番目の質点の変位を図の右向きを正として x_j とする．質点の質量を m，ば

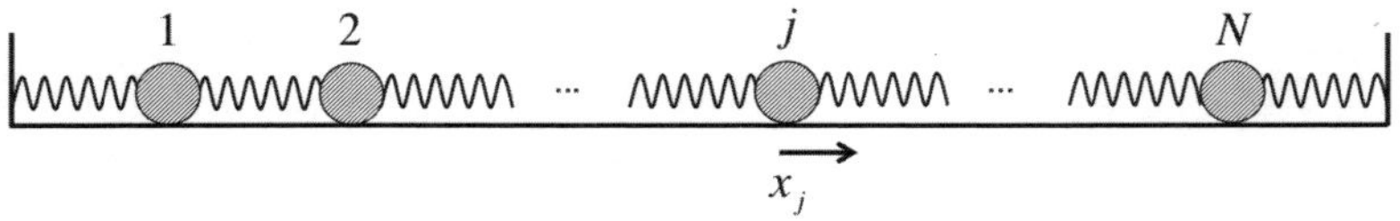

図 3.3　N 個の質点の連成振動

ね定数を k とすると運動方程式は

$$m\frac{d^2 x_j}{dt^2} = -k\left(2x_j - x_{j+1} - x_{j-1}\right) \tag{3.51}$$

で与えられる[*3]．

運動方程式 (3.51) は，$j = 2, 3, \ldots, N-1$ の場合に適用できる運動方程式である．しかし，

$$x_0 = 0, \qquad x_{N+1} = 0 \tag{3.52}$$

とおくと，$j = 1$ と $j = N$ の場合にも適用できるようになる．

運動方程式 (3.51) を，行列の形で書くと

$$\frac{d^2}{dt^2}\begin{pmatrix} x_1 \\ x_2 \\ \vdots \\ x_{N-1} \\ x_N \end{pmatrix} = -\frac{k}{m}\begin{pmatrix} 2 & -1 & 0 & \cdots & 0 \\ -1 & 2 & -1 & \ddots & \vdots \\ 0 & -1 & \ddots & \ddots & 0 \\ \vdots & \ddots & \ddots & 2 & -1 \\ 0 & \cdots & 0 & -1 & 2 \end{pmatrix}\begin{pmatrix} x_1 \\ x_2 \\ \vdots \\ x_{N-1} \\ x_N \end{pmatrix} \tag{3.53}$$

前節で述べたように，右辺の行列の固有値を求めることで基準振動の角振動数が求められる．しかし，計算がやや複雑になるので[*4]，ここではより簡単で実用的な方法で基準振動を求めよう．

運動方程式 (3.51) によって記述される運動は，それぞれの変数 x_j の振動を表している．そこで，そのような振動状態を記述するのに適した関数によって，x_j を表現することを考える．具体的には，

[*3]　j 番目の質点が x_j だけ変位しているとき，この質点の右側のばねから $-kx_j$ の力を受ける．また，左側のばねからも $-kx_j$ の力を受ける．$j+1$ 番目の質点が x_{j+1} だけ変位しているとすると，この質点の左側のばねは，j 番目の質点に kx_{j+1} だけの力を及ぼす．$j-1$ 番目の質点による力も同様に考えて，式 (3.51) が導出される．

[*4]　この計算については，サポートページで示す．

3.3 1次元的に連結した N 個の質点系

$$x_j = \sum_q [A_q \sin(qR_j) + B_q \cos(qR_j)] \tag{3.54}$$

とおく．ここで R_j は質点の平衡状態での位置座標である．平衡状態において隣り合う質点間の距離を a とすると，$R_j = ja$ となる．式 (3.54) では，$\sin(qR_j)$ や $\cos(qR_j)$ といった波を合成することで x_j を表現している．どのように合成するかは A_q や B_q によって決まる．

未定の q は，波がみたすべき境界条件から決まる．境界条件 (3.52) から，式 (3.54) の右辺の個々の波も境界条件 (3.52) をみたさなければならない．$x_0 = 0$ の条件から，$B_q = 0$．また，$x_{N+1} = 0$ の条件から，

$$A_q \sin(qR_{N+1}) = A_q \sin((N+1)qa) = 0 \tag{3.55}$$

この式から，n を整数として

$$q = q_n = \frac{\pi}{(N+1)a} n \tag{3.56}$$

以上より，式 (3.54) は

$$x_j = \sum_n A_n \sin(q_n R_j) \tag{3.57}$$

ただし，$A_n = A_{q_n}$ である．n がとりうる値の範囲については後述する．

式 (3.57) を用いて，運動方程式 (3.51) を解こう．式 (3.57) を式 (3.51) に代入して

$$\sum_n \frac{d^2 A_n}{dt^2} \sin(q_n R_j)$$
$$= -\omega^2 \sum_n A_n [2\sin(q_n R_j) - \sin(q_n R_{j+1}) - \sin(q_n R_{j-1})] \tag{3.58}$$

ただし，$\omega = \sqrt{k/m}$ とおいた．右辺の角括弧内の式は次のように変形できる．

$$2\sin(q_n R_j) - \sin(q_n R_{j+1}) - \sin(q_n R_{j-1})$$
$$= 2\sin(q_n R_j) - \sin(q_n R_j + q_n a) - \sin(q_n R_j - q_n a)$$
$$= 2\sin(q_n R_j)[2 - 2\cos(q_n a)]$$
$$= 4\sin^2\left(\frac{q_n a}{2}\right) \sin(q_n R_j)$$

よって，式 (3.58) より

$$\sum_n \frac{d^2 A_n}{dt^2} \sin(q_n R_j) = -\sum_n 4\omega^2 \sin^2\left(\frac{q_n a}{2}\right) A_n \sin(q_n R_j) \quad (3.59)$$

ここで

$$\omega_n = 2\omega \left|\sin\left(\frac{q_n a}{2}\right)\right| \quad (3.60)$$

を定義して，式 (3.59) において各 n の項が左辺と右辺で等しいとすると

$$\frac{d^2 A_n}{dt^2} = -\omega_n^2 A_n \quad (3.61)$$

よって，A_n について単振動の式が成り立つ．すなわち，ω_n が基準振動の角振動数である．

$\omega_{q_n} = \omega_n$ として，$\omega_q = 2\omega \left|\sin\left(\frac{qa}{2}\right)\right|$ を図示したのが図 3.4 である．なお，q が小さいときには，$\omega_q \simeq \omega a q$ と近似できる．

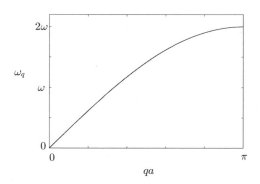

図 3.4 質点系の連成振動における分散関係

さて，n の範囲を明らかにしよう．結論を先に述べると，n としては $n = 1, 2, 3, \ldots, N$ の N 個を考えればよい．単純な解釈は，自由度の数である．もともとは N 個の質点のそれぞれの変位を考えていたから，自由度の数は N である．変位のかわりに，波を記述する変数 q_n を考えることにしたから，自由度の数を同じにするために N 個の q_n を考えればよいということになる．

より正確には，$q_{n+N} a = \frac{\pi}{N+1}(2N+2+n-N-2) = 2\pi - q_{N+2-n} a$ より，

$$\sin(q_{n+N} R_j) = -\sin(q_{N+2-n} R_j) \tag{3.62}$$

となる．つまり，$n+N$ の波と $N+2-n$ の波が対応するから，$n=1,2,\ldots,N$ 以外の n の波は $n=1,2,\ldots,N$ の波のいずれかと同じ振動を表している．

例として，$N=5, n=3$ の場合に $\sin(q_{n+N} R_j)$ と $-\sin(q_{N+2-n} R_j)$ を図示したのが図 3.5 である．この図から，物理的な理解が得られる．図 3.5 では，質点の変位を黒丸で表している．図からわかるように，q_{n+N} の波も q_{N+2-n} の波も，どちらも質点の変位に着目すると同じ値になっている．また，q_{n+N} の波をよくみると，波長が $2a$ よりも短い．平衡状態での質点間の距離が a であるため，$2a$ よりも短い波長の波を考えても，質点を用いてそのような波を表せない．

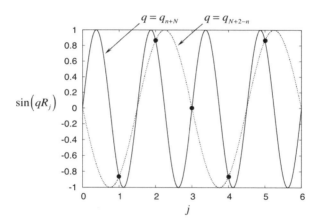

図 3.5 $q=q_{n+N}$ の波と $q=q_{N+2-n}$ の波の比較．$N=5, n=3$ の場合．質点が存在する場所 $j=1,2,3,4,5$ における質点の変位（振幅 1）を黒丸で表している．

さて，n の範囲がわかったので一般解を示しておこう．式 (3.61) を解くと，C_n, δ_n を定数として $A_n = C_n \cos(\omega_n t + \delta_n)$．式 (3.57) に代入して

$$x_j = \sum_{n=1}^{N} C_n \cos(\omega_n t + \delta_n) \sin(q_n R_j) \tag{3.63}$$

これが境界条件 (3.52) のもとでの式 (3.51) の一般解である．

一般解 (3.63) における定数 C_n および δ_n は初期条件から決まる．$t=0$ での初期条件が $x_j = u_j, dx_j/dt = v_j$ とすると

$$u_j = \sum_{n=1}^{N} C_n \cos \delta_n \sin (q_n R_j) \tag{3.64}$$

$$v_j = -\sum_{n=1}^{N} \omega_n C_n \sin \delta_n \sin (q_n R_j) \tag{3.65}$$

これらの式の両辺に $\sin(q_\ell R_j)$ をかけて j について和をとり，直交関係

$$\sum_{j=1}^{N} \sin (q_n R_j) \sin (q_\ell R_j) = \frac{N+1}{2} \delta_{n,\ell} \tag{3.66}$$

を適用すると [*5)]

$$C_\ell \cos \delta_\ell = \frac{2}{N+1} \sum_{j=1}^{N} u_j \sin (q_\ell R_j) \tag{3.67}$$

$$\omega_\ell C_\ell \sin \delta_\ell = -\frac{2}{N+1} \sum_{j=1}^{N} v_j \sin (q_\ell R_j) \tag{3.68}$$

ゆえに式 (3.63) より

$$\begin{aligned}
x_i &= \sum_{n=1}^{N} C_n \cos (\omega_n t + \delta_n) \sin (q_n R_i) \\
&= \sum_{n=1}^{N} [C_n \cos \delta_n \cos (\omega_n t) - C_n \sin \delta_n \sin (\omega_n t)] \sin (q_n R_i) \\
&= \frac{2}{N+1} \sum_{n=1}^{N} \sum_{j=1}^{N} \sin (q_n R_j) \left[u_j \cos (\omega_n t) + \frac{v_j}{\omega_n} \sin (\omega_n t) \right] \sin (q_n R_i)
\end{aligned}$$

ゆえに

$$x_i = \sum_{n=1}^{N} f_n(t) \sin (q_n R_i) \tag{3.69}$$

と書ける．ここで $f_n(t)$ は次式で与えられる．

$$f_n(t) = \frac{2}{N+1} \sum_{j=1}^{N} \left[u_j \cos (\omega_n t) + \frac{v_j}{\omega_n} \sin (\omega_n t) \right] \sin (q_n R_j) \tag{3.70}$$

[*5)] この等式は，左辺をオイラーの公式を用いて書き換えて和を実行することで示せる．証明はサポートページのノートを参照していただきたい．

3.4　1次元的に連結した N 個の質点系：周期的境界条件

N 個の質点系が 1 次元的にばねで連結された系で，境界条件が周期的境界条件 (periodic boundary condition) の場合を考えよう．実際に，境界条件が周期的境界条件になるのは質点系がリング状に連なっている場合である．しかし，必ずしも周期的境界条件が，実際に実現している系を考える必要はない．以下に示すように，周期的境界条件では計算が容易になる．解析を容易にするために周期的境界条件を課すというのは常套手段としてよく用いられる．

さて，前節と同じ問題を周期的境界条件のもとで考えよう．運動方程式は式 (3.51) と同じである．境界条件を周期的境界条件にすると

$$x_{j+N} = x_j \tag{3.71}$$

運動方程式 (3.51) において，x_j を

$$x_j = \sum_q C_q \exp(iqR_j) \tag{3.72}$$

と表して代入すると

$$\sum_q \frac{d^2 C_q}{dt^2} \exp(iqR_j) = -\omega^2 \sum_q C_q \left(2 - e^{iqa} - e^{-iqa}\right) \exp(iqR_j) \tag{3.73}$$

q についての各項が両辺で等しいとすれば

$$\frac{d^2 C_q}{dt^2} = -\omega_q^2 C_q \tag{3.74}$$

ただし，

$$\omega_q = 2\omega \left|\sin\left(\frac{qa}{2}\right)\right| \tag{3.75}$$

である．こうして，式 (3.60) と一致する基準振動が得られる．

q がとりうる値は，周期的境界条件 (3.71) から決まる．式 (3.71) に式 (3.72) の各 q の項を代入して $C_q \exp(iqR_j + iqNa) = C_q \exp(iqR_j)$．よって，$\exp(iqNa) = 1$ だから n を整数として q は次式で与えられる．

$$q = q_n = \frac{2\pi n}{Na} \tag{3.76}$$

演習問題

演習問題 3.1 図 3.6 に示したように，鉛直下向きを x 軸として，質量 m の 2 つのおもりが，ばねでつながれている．2 つのばねのばね定数はいずれも k であり，自然長はともに ℓ である．2 つの質点の座標をそれぞれ x_1, x_2，重力加速度を g とする．
1) 平衡状態での x_1 と x_2 を求めよ．
2) この系の基準振動の角振動数を求めよ．

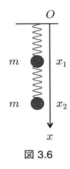

図 3.6

演習問題 3.2 図 3.7 に示したように，2 つの質量 m の質点がつながれた 2 重振り子を考える．図のように x-y 座標を導入する．糸の長さはいずれも ℓ であり，その重さは無視できる．重力加速度を g とする．
1) 1 つの質点の座標は $x_1 = \ell\cos\theta_1, y_1 = \ell\sin\theta_1$ と書ける．もう 1 つの質点の座標 x_2, y_2 を求めよ．
2) θ_1, θ_2 のどちらも微小な場合に，この系の運動方程式を導出し，基準振動の角振動数を求めよ．

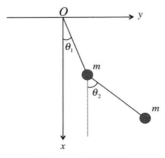

図 3.7 2 重振り子

演習問題 3.3 図 3.8 のように 2 種類のイオン A,B が 1 次元的に連なっている系の振動を考える．図のように隣り合う A,B を 1 つのまとまりとして考え，点線で囲った部分（以下，セルとよぶ）を基本構造とみなす．1 つのセルの長さを a とする．j 番目のセル内における A,B イオンの平衡位置からの変位を，それぞれ x_j^A, x_j^B とする．ばねはどれも同じばね定数 k をもち，A,B イオンの質量をそれぞれ m_A, m_B とする．セルの数は N 個で，周期的境界条件のもとで考える．

1) 運動方程式が次式で与えられることを示せ．

$$m_A \frac{d^2 x_j^A}{dt^2} = -k\left(2x_j^A - x_j^B - x_{j-1}^B\right) \tag{3.77}$$

$$m_B \frac{d^2 x_j^B}{dt^2} = -k\left(2x_j^B - x_j^A - x_{j+1}^A\right) \tag{3.78}$$

2) $x_j^A = A\exp\left(i\left(qja - \omega t\right)\right)$, $x_j^B = B\exp\left(i\left(qja - \omega t\right)\right)$ とおいて，運動方程式に代入し，基準振動の振動数を求めよ．

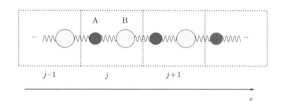

図 3.8　2 種類のイオンからなる系の連成振動

4 連続体の振動

物質はすべて原子・分子から構成されている.しかし,考える物理現象に特徴的な長さスケールが,原子・分子の長さスケール (通常, 10^{-10}m のオーダー) よりも十分長い場合には**連続体** (continuum) のモデルを用いることができる.連続体のモデルでは,原子・分子の粒子的構造を平均化して,空間を連続的にみたす媒質とみなす.この章では,このような連続体の振動現象を扱う.

4.1 1次元的な連続体の振動

連続体の振動として,まずは1次元の場合を考えよう.太さを無視した棒の縦振動と弦の横振動を考え,どちらの場合にも1次元の波動方程式が得られることを示す.

4.1.1 棒 の 振 動

棒の太さを無視して,棒の長さ方向の伸縮による振動を考える.このような振動の波を**縦波** (longitudinal wave) とよぶ.

棒の振動は,どのような運動方程式によって記述されるだろうか.ここでは第3章で述べた連成振動を出発点として,**連続極限** (continuum limit) をとることで棒の振動の方程式を導出する.この導出方法は,冒頭で述べた連続体の考え方を理解するうえでも有用である.

棒を,原子が1次元的にばねでつながれた質点系とみなす.原子の質量を m,ばねのばね定数を k とし,平衡状態における隣り合う原子間の距離を a とする.3.3節より, j 番目の原子の運動方程式は

$$m\frac{\partial^2}{\partial t^2}u(R_j,t) = -k\left[2u(R_j,t) - u(R_j+a,t) - u(R_j-a,t)\right] \quad (4.1)$$

ただし,変位を x_j ではなく $u(R_j,t)$ で表している. $R_j = ja$ は平衡状態での原子の位置座標である.また, $R_{j\pm 1} = R_j \pm a$ を用いた.なお,時間微分は偏微分

で表している．R_j が時間に依存しないから，R_j を定数とみなして微分すればよい．さて，棒を連続体とみなしたときの振動の方程式を導出するために，$a \to 0$ の連続極限をとる．まず，$R_j = x$ とおく．a が小さいとして，$u(x+a,t)$ を展開する．

$$u(x+a,t) = u(x,t) + u_x(x,t)\,a + \frac{1}{2}u_{xx}(x,t)\,a^2 + \cdots \tag{4.2}$$

ここで付録 A.4 で述べた次の偏微分の記号を用いている．

$$u_x = \frac{\partial u}{\partial x}, \qquad u_{xx} = \frac{\partial^2 u}{\partial x^2} \tag{4.3}$$

同様に，$u(x-a,t)$ も展開する．これらの式を，式 (4.1) に代入すると

$$m\frac{\partial^2}{\partial t^2}u(x,t) = k\left[u_{xx}(x,t)\,a^2 + O\left(a^3\right)\right] \tag{4.4}$$

右辺のランダウの記号 $O(\ldots)$ については，付録 A.2 を参照されたい．

棒の線密度 ρ を定義すると，$m = \rho a$ である．また，棒のヤング率 (Young's modulus) を Y とすると $ka = Y$ である [*1)]．この Y の定義については，後で補足する．式 (4.4) の m および k を，それぞれ ρ, Y で表し，両辺を ρa でわると

$$\frac{\partial^2}{\partial t^2}u(x,t) = v^2\left[u_{xx}(x,t) + O(a)\right] \tag{4.5}$$

ただし，v は次式で与えられる．

$$v = \sqrt{\frac{Y}{\rho}} \tag{4.6}$$

$a \to 0$ の極限をとると，

$$\frac{\partial^2}{\partial t^2}u(x,t) = v^2\frac{\partial^2}{\partial x^2}u(x,t) \tag{4.7}$$

これが棒の振動の運動方程式である．式 (4.7) を 1 次元の**波動方程式** (wave equation) とよぶ．

さて，上記の導出において連続極限 $a \to 0$ をとっている．この極限において，$Y = ka$ が有限だとして波動方程式 (4.7) を導出している．$Y \to 0$ となる

[*1)] ここでの Y は力の次元をもつが，4.3 節の弾性体のところで定義するヤング率は圧力の次元をもつ．棒の断面積を考慮すれば両者は一致する．

ことはないだろうか．

この点を明らかにするために，棒全体がばね定数 K のばねだとみなそう．棒の長さを $L = Na$ として，棒の両端を F で引っ張ったときの棒の伸びを ΔL とすると，

$$F = K\Delta L \tag{4.8}$$

当然のことながら，力 F は $a \to 0$ の極限でも有限である．また，$L = Na$ は $a \to 0$ の極限で不変だから，この極限で $N = L/a \to \infty$ となる．

この式を次のように書き換える．

$$F = KNa\frac{\Delta L}{L} \tag{4.9}$$

この式は，ばね定数 k のばねが N 個連結することによって，ばね定数 K のばねになっていると解釈できる．同じばね定数のばねが 2 個連結したばねでは，ばね定数が半分になる．同様に，同じばねが N 個連結したばねでは，ばね定数は $1/N$ になる．よって，$K = k/N$ である．ゆえに，$ka = KNa = KL$ となる．$a \to 0$ の極限において，K も L も有限だから，$Y = ka$ も有限となる．

4.1.2 弦の振動

1 次元的な連続体の振動の別の例として，弦の振動を考えよう．バイオリンの弦のように，弦を張力 T で引っ張り，両端を固定する．弦を弾くと，弦の長さ方向に垂直な方向へ振動が生じる．このような振動の波を**横波** (transverse wave) とよぶ．

弦の長さを L，線密度を ρ とする．弦の長さ方向に x 軸をとり，図 4.1 に示したように，時間 t における座標 x の点での弦の変位を $f(x,t)$ とする．

さて，区間 $[x, x + \Delta x]$ の微小部分に着目する．図 4.2 に示したように，この弦の微小部分の左端に働く張力を T_L，右端に働く張力を T_R とおく．また，それぞれの張力が働いている方向と，x 軸がなす角を $\theta_\mathrm{L}, \theta_\mathrm{R}$ とする．

仮定より，弦に働く水平方向の張力が T だから

$$T_\mathrm{L} \cos\theta_\mathrm{L} = T, \qquad T_\mathrm{R} \cos\theta_\mathrm{R} = T \tag{4.10}$$

一方，微小部分に働く力は上向きを正として

4.1 1次元的な連続体の振動

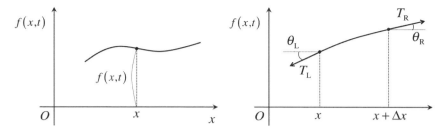

図 4.1 弦の振動．時間 t，座標 x における弦の変位を $f(x,t)$ で表す．

図 4.2 弦の微小部分に働く張力 T_R と T_L

$$T_R \sin\theta_R - T_L \sin\theta_L \tag{4.11}$$

よって，微小部分の運動方程式は

$$\rho\Delta x \frac{\partial^2}{\partial t^2} f(x,t) = T_R \sin\theta_R - T_L \sin\theta_L \tag{4.12}$$

式 (4.10) を用いて，T_R と T_L を消去すると

$$\rho\Delta x \frac{\partial^2}{\partial t^2} f(x,t) = T(\tan\theta_R - \tan\theta_L) \tag{4.13}$$

張力 T_R は，弦の $x+\Delta x$ における接線方向に働いているから，$\tan\theta_R$ は $x+\Delta x$ における曲線 $f(x,t)$ の傾きに等しい．

$$\tan\theta_R = f_x(x+\Delta x, t) \tag{4.14}$$

同様に，$\tan\theta_L$ は x における曲線 $f(x,t)$ の傾きに等しいから，

$$\tan\theta_L = f_x(x,t) \tag{4.15}$$

この 2 式を式 (4.13) に代入して，

$$\rho\Delta x \frac{\partial^2}{\partial t^2} f(x,t) = T[f_x(x+\Delta x, t) - f_x(x,t)] \tag{4.16}$$

右辺を Δx について展開し，両辺を Δx でわると

$$\rho \frac{\partial^2}{\partial t^2} f(x,t) = T[f_{xx}(x,t) + O(\Delta x)] \tag{4.17}$$

両辺を ρ でわって，$\Delta x \to 0$ の極限をとると

$$\frac{\partial^2}{\partial t^2} f(x,t) = v^2 \frac{\partial^2}{\partial x^2} f(x,t) \tag{4.18}$$

ただし,
$$v = \sqrt{\frac{T}{\rho}} \tag{4.19}$$
である. ゆえに, 弦の振動においても 1 次元の波動方程式が得られる [*2].

4.2　1 次元の波動方程式の解

4.1 節で導出した, 1 次元の波動方程式を改めて書くと,
$$\frac{\partial^2}{\partial t^2} f(x,t) = v^2 \frac{\partial^2}{\partial x^2} f(x,t) \tag{4.20}$$
この方程式には, 時間 t についての微分と, 座標 x についての微分との 2 つの微分がある. このように複数の微分を含む微分方程式を**偏微分方程式** (partial differential equation) とよぶ. この節では, 偏微分方程式 (4.20) を 2 通りの解法で解く.

4.2.1　変数分離法を用いた解法

最初の解法は, 偏微分方程式を解く際の常套手段である, **変数分離法** (separation of variables) を用いる解法である.

まず, 関数 $f(x,t)$ を, x のみの関数 $X(x)$ と t のみの関数 $T(t)$ の積として
$$f(x,t) = X(x)T(t) \tag{4.21}$$
とおく. この式を, 偏微分方程式 (4.20) に代入して, 両辺を XT でわると
$$\frac{T''(t)}{T(t)} = v^2 \frac{X''(x)}{X(x)} \tag{4.22}$$
ここで, 左辺が t のみの関数, 右辺が x のみの関数である点に着目する. t を変化させたとき, 右辺は x のみの関数だから値は変わらない. また, x を変化させたとすると, 左辺は t のみの関数なので値は変わらない. このことから, ω

[*2] 弦の振動の場合には, $v \propto \sqrt{T}$ である. 次節で述べる式 (4.18) の解より, v は振動数に比例する. 張力 T が大きくなれば, 振動数も大きくなる. このため, 弦楽器の弦の張力を増せば, 音が高くなる.

を x と t に依存しない定数として，次のようにおける．

$$\frac{T''(t)}{T(t)} = v^2 \frac{X''(x)}{X(x)} = -\omega^2 \tag{4.23}$$

定数を，$-\omega^2$ の形に書いたのは，以下で示す解をみやすくするためである．式 (4.23) より

$$T'' = -\omega^2 T \tag{4.24}$$

この微分方程式は，単振動の微分方程式である．よって，解は $T = T_0 \cos(\omega t + \delta)$ と書ける．ここで T_0 と δ は定数である．

また，式 (4.23) より

$$X'' = -k^2 X \tag{4.25}$$

ただし，$k = \omega/v$ である．この微分方程式も，単振動の微分方程式である．よって，解は X_0, ϕ を定数として

$$X = X_0 \cos(kx + \phi) \tag{4.26}$$

以上より，偏微分方程式 (4.20) の解は，$f_0 = X_0 T_0$ として

$$f(x,t) = X(x)T(t) = f_0 \cos(\omega t + \delta) \cos(kx + \phi) \tag{4.27}$$

次に，境界条件を考慮しよう．1次元の連続体の長さを L として，連続体の変位 $f(x,t)$ についての $x=0$ と $x=L$ での境界条件を考える．この両端で連続体が固定されている場合 (固定端) と，固定されていない場合 (自由端) を考える．

1) 固定端の場合

この場合，

$$f(0,t) = X(0)T(t) = 0 \tag{4.28}$$

より，$X(0) = 0$ である．同様に，$x = L$ で $f = 0$ だから，$X(L) = 0$ である．よって，式 (4.26) より，

$$\cos\phi = 0, \qquad \cos(kL + \phi) = 0 \tag{4.29}$$

この2式より，$\sin(kL) = 0$ が得られる．ゆえに，n を正の整数として

$$k = k_n = \frac{\pi}{L} n \tag{4.30}$$

この結果と式 (4.27) より，偏微分方程式 (4.20) の一般解は

$$f(x,t) = \sum_{n=1}^{\infty} f_n \cos(\omega t + \delta_n) \sin(k_n x) \tag{4.31}$$

となる．f_n と δ_n は定数で，初期条件から決まる．

2) 自由端の場合

次に $x = 0$ と $x = L$ の両端で自由端の場合を考える．$x = 0$ での境界条件は

$$f_x(0,t) = X'(0) T(t) = 0 \tag{4.32}$$

自由端の場合に，なぜ x で偏微分したものがゼロになるのかは演習問題 4.1 を参照していただきたい．この式から，$X'(0) = 0$ となる．$x = L$ でも同様に，$X'(L) = 0$ となる．式 (4.26) より，

$$\sin \phi = 0, \qquad \sin(kL + \phi) = 0 \tag{4.33}$$

この 2 式より，$\sin(kL) = 0$ が得られる．よって，この場合にも k が取りうる値は式 (4.30) で与えられる．ただし，$\sin \phi = 0$ より偏微分方程式 (4.20) の一般解は，次式で与えられる [*3)]．

$$f(x,t) = \sum_{n=1}^{\infty} f_n \cos(\omega t + \delta_n) \cos(k_n x) \tag{4.34}$$

4.2.2 フーリエ級数を用いた解法

次に 1 次元の波動方程式 (4.20) を，フーリエ級数を用いて解いてみよう．フーリエ級数を用いた解法の考え方を理解するために，まず，**直交関数系**について説明する．

ベクトル間で，互いに直交するベクトルを考えることができるように，関数の間でも互いに直交する関数を考えることができる．まず，ベクトルの場合を考える．3 次元空間における 2 つのベクトル $\boldsymbol{a} = (a_1, a_2, a_3), \boldsymbol{b} = (b_1, b_2, b_3)$

[*3)] 右辺で $\cos(k_n x)$ となっている点に注意されたい．

の内積を $\boldsymbol{a} \cdot \boldsymbol{b} = \sum_{j=1}^{3} a_j b_j$ によって定義する．この場合，互いに直交する基底を次のように選べる．

$$\boldsymbol{e}_1 = (1,0,0), \quad \boldsymbol{e}_2 = (0,1,0), \quad \boldsymbol{e}_3 = (0,0,1) \tag{4.35}$$

次に，関数について考えてみよう．x の区間 $[0,1]$ を考える．2 つの関数 $f(x), g(x)$ の間の内積を

$$(f,g) = \int_0^1 dx f(x) g(x) \tag{4.36}$$

によって定義する．

$f_0(x) = 1, f_1(x) = ax + b$ とおく．ただし，a,b は定数とする．これら 2 つの関数について，$(f_0, f_1) = 0$ とできるであろうか．具体的に計算してみると，$(f_0, f_1) = \int_0^1 dx (ax+b) = \frac{a}{2} + b$．よって，$b = -a/2$ であれば，$(f_0, f_1) = 0$ となる．さらに規格化条件 $(f_1, f_1) = 1$ を課すと $a = 2\sqrt{3}, b = -\sqrt{3}$ となる．同様に p, q, r を定数として，$f_2(x) = px^2 + qx + r$ とおくと，p, q, r を適切に選ぶことで $(f_2, f_0) = (f_2, f_1) = 0$ とできる．

さて，区間 $[0, L]$ において定義された関数 $f(x)$ を考える．境界条件として $f(0) = 0, f(L) = 0$ を仮定する．関数の集合として

$$f_n(x) = \sqrt{\frac{2}{L}} \sin(k_n x) \tag{4.37}$$

($n = 1, 2, 3, \ldots$) を選ぶ．ただし，$k_n = \pi n / L$ である．このとき，n, m を正の整数として

$$\int_0^L dx f_n(x) f_m(x) = \delta_{n,m} \tag{4.38}$$

が示せる．このような関数の集合を**直交関数系** (set of orthogonal functions) とよぶ．

例題 4.1 直交関係 (4.38) を示せ．

解 $n \neq m$ のとき
$$\begin{aligned}
\int_0^L dx f_n(x) f_m(x) &= \frac{2}{L} \int_0^L dx \sin(k_n x) \sin(k_m x) \\
&= \frac{1}{L} \int_0^L dx \left[\cos\left(\frac{n-m}{L}\pi x\right) - \cos\left(\frac{n+m}{L}\pi x\right) \right] \\
&= 0
\end{aligned} \tag{4.39}$$

$n = m$ のとき,

$$\int_0^L dx[f_n(x)]^2 = \frac{2}{L}\int_0^L dx \sin^2(k_n x) = \frac{1}{L}\int_0^L dx\left[1 - \cos\left(\frac{2\pi n}{L}x\right)\right] = 1 \tag{4.40}$$

よって，直交関係 (4.38) が成り立つ.

この直交関数系 $f_n(x)(n=1,2,3,\ldots)$ を用いると，区間 $[0,L]$ において発散などの特異性がない任意の関数 $g(x)$ が

$$g(x) = \sum_{n=1}^{\infty} c_n f_n(x) \tag{4.41}$$

と表せる. ここで

$$c_n = \int_0^L dx f_n(x) g(x) \tag{4.42}$$

である．ベクトル空間との対応で考えると，M 次元ベクトル空間の基底 $\boldsymbol{e}_1, \boldsymbol{e}_2, \ldots, \boldsymbol{e}_n, \ldots, \boldsymbol{e}_M$ が，$f_1(x), f_2(x), \ldots, f_n(x), \ldots$ に対応し，任意のベクトルの表現 $\boldsymbol{v} = \sum_{n=1}^{M} a_n \boldsymbol{e}_n$ が，$g(x) = \sum_{n=1}^{\infty} c_n f_n(x)$ に対応する.

式 (4.41) のように，三角関数によって関数を展開する表式を**フーリエ級数展開** (Fourier series expansion) とよぶ．ここでは，区間 $[0,L]$ で定義された関数を考えているが，関数の定義区間を拡張して周期 L の関数を考えてもよい．式 (4.37) は，周期 L の周期関数になっているから，式 (4.41) の表式については，このような定義区間の拡張が可能である．フーリエ級数の詳細については，付録 A.10 にて説明している.

なお，任意の関数が式 (4.41) のように表せるのは**固有関数の完全性** (completeness of eigenfunctions)

$$\sum_{n=1}^{\infty} f_n(x) f_n(x') = \delta(x - x') \tag{4.43}$$

が満たされている場合である [4].

さて，準備が整ったので，1 次元の波動方程式 (4.20) をフーリエ級数を用いて解こう．まず，$f(x,t)$ が x の関数である点に着目して,

---

[4] この条件の証明については，サポートページを参照されたい.

$$f(x,t) = \sum_{n=1}^{\infty} a_n(t) f_n(x) = \sqrt{\frac{2}{L}} \sum_{n=1}^{\infty} a_n(t) \sin(k_n x) \tag{4.44}$$

とフーリエ級数展開する．$f(x,t)$ は t の関数でもあるので，フーリエ級数展開における係数 a_n は t の関数である．

この式を波動方程式 (4.20) に代入すると

$$\sum_{n=1}^{\infty} \frac{d^2 a_n}{dt^2} f_n(x) = -v^2 \sum_{n=1}^{\infty} k_n^2 a_n(t) f_n(x) \tag{4.45}$$

両辺に $f_m(x)$ をかけて，x について積分する．直交関係 (4.38) を適用すると

$$\frac{d^2 a_m}{dt^2}(t) = -v^2 k_m^2 a_m(t) \tag{4.46}$$

この微分方程式を解いて $a_n(t) = C_n \cos(\omega_n t + \delta_n)$．ここで $\omega_n = v k_n$ である．また，C_n, δ_n は定数である．ゆえに，波動方程式 (4.20) の一般解は

$$f(x,t) = \sqrt{\frac{2}{L}} \sum_{n=1}^{\infty} C_n \cos(v k_n t + \delta_n) \sin(k_n x)$$

$$= \sum_{n=1}^{\infty} C_n \cos(v k_n t + \delta_n) f_n(x) \tag{4.47}$$

このようにして，4.2.1 項での変数分離法と同じ結果が得られた．なお，変数分離法では関数 $f(x,t)$ を式 (4.21) と書いている．しかし，なぜ x の関数と t の関数で分離した形で書けるのかは明確ではない．この節でのフーリエ級数を用いた解法では，そのようなあいまいさがない．

一般解 (4.47) の定数 C_n, δ_n は初期条件から定まる．初期条件が $t=0$ において

$$f(x,0) = a(x), \qquad f_t(x,0) = u(x) \tag{4.48}$$

で与えられる場合を考えよう．式 (4.47) より，

$$\sum_{n=1}^{\infty} C_n \cos \delta_n f_n(x) = a(x) \tag{4.49}$$

$$\sum_{n=1}^{\infty} C_n (-v k_n \sin \delta_n) f_n(x) = u(x) \tag{4.50}$$

それぞれの式の両辺に $f_m(x)$ をかけて x について積分し，直交関係 (4.38) を

用いると

$$C_m \cos \delta_m = \int_0^L dx\, a(x) f_m(x) \tag{4.51}$$

$$C_m \sin \delta_m = -\frac{1}{vk_m} \int_0^L dx\, u(x) f_m(x) \tag{4.52}$$

これらを式 (4.47) に代入して

$$\begin{aligned}
f(x,t) &= \sum_{n=1}^{\infty} C_n \cos(vk_n t + \delta_n) f_n(x) \\
&= \sum_{n=1}^{\infty} [C_n \cos \delta_n \cos(\omega_n t) - C_n \sin \delta_n \sin(\omega_n t)] f_n(x) \\
&= \sum_{n=1}^{\infty} a_n(t) f_n(x)
\end{aligned} \tag{4.53}$$

ただし, $a_n(t)$ は次式で与えられる.

$$a_n(t) = \int_0^L dx'\, f_n(x') \left[a(x') \cos(\omega_n t) + \frac{u(x')}{\omega_n} \sin(\omega_n t) \right] \tag{4.54}$$

具体的に, 初期状態の計算例を示そう. $t=0$ での初期条件が

$$f(x,0) = \begin{cases} \dfrac{2A}{L} x & \left(0 \le x \le \dfrac{L}{2}\right) \\ \dfrac{2A}{L}(L-x) & \left(\dfrac{L}{2} \le x \le L\right) \end{cases} \tag{4.55}$$

および $f_t(x,0) = 0$ とする. つまり, $t=0$ で図 4.3 に示したように中心が A だけ変位して静止した状態が初期状態である.

式 (4.54) の右辺の $a(x')$ に式 (4.55) の右辺を代入し, $u(x')=0$ とおくと,

$$\begin{aligned}
a_n(t) &= \int_0^{L/2} dx\, f_n(x) \frac{2A}{L} x \cos(\omega_n t) \\
&\quad + \int_{L/2}^{L} dx\, f_n(x) \frac{2A}{L}(L-x) \cos(\omega_n t)
\end{aligned} \tag{4.56}$$

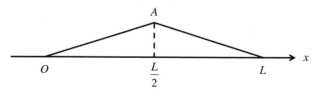

図 4.3 弦の振動の初期状態

右辺第 1 項の x についての積分は

$$\int_0^{L/2} dx f_n(x) \frac{2A}{L} x = \frac{2A}{L}\sqrt{\frac{2}{L}} \int_0^{L/2} dx \sin(k_n x) x$$

$$= \frac{2A}{L}\sqrt{\frac{2}{L}} \frac{1}{k_n^2} \int_0^{\frac{k_n L}{2}} d\xi\, \xi \sin\xi$$

$$= \frac{2A}{L}\sqrt{\frac{2}{L}} \frac{1}{k_n^2} \left[-\xi\cos\xi + \sin\xi\right]_0^{k_n L/2}$$

$$= \sqrt{\frac{2}{L}} \frac{2AL}{\pi^2 n^2} \left[-\frac{\pi n}{2}\cos\left(\frac{\pi n}{2}\right) + \sin\left(\frac{\pi n}{2}\right)\right]$$

式 (4.56) の右辺第 2 項の積分は $x' = L - x$ と変数変換すると，$(-1)^{n+1}$ の因子を除いて第 1 項の積分と同じ形になる．よって

$$\begin{aligned} a_n(t) = [1 - (-1)^n] \sqrt{\frac{2}{L}} \frac{2AL}{\pi^2 n^2} \\ \times \left[-\frac{\pi n}{2}\cos\left(\frac{\pi n}{2}\right) + \sin\left(\frac{\pi n}{2}\right)\right] \cos(\omega_n t) \end{aligned} \quad (4.57)$$

$1 - (-1)^n$ の因子があるので，n が偶数のとき a_n はゼロになる．また，$\sin(\pi n/2) = 0$ である．一方，n が奇数のとき，$\cos(\pi n/2) = 0$ であることに注意すると，

$$\begin{aligned} f(x,t) &= \sum_{n=1}^{\infty} \sqrt{\frac{2}{L}} \frac{4AL}{\pi^2 n^2} \sin\left(\frac{\pi n}{2}\right) \cos(\omega_n t) f_n(x) \\ &= \sum_{n=1}^{\infty} \frac{8A}{\pi^2 n^2} \sin\left(\frac{\pi n}{2}\right) \cos(\omega_n t) \sin\left(\frac{\pi n}{L} x\right) \end{aligned} \quad (4.58)$$

n についての和を，$n = n_{\max}$ までの有限和で近似した結果を図 4.4 に示す．

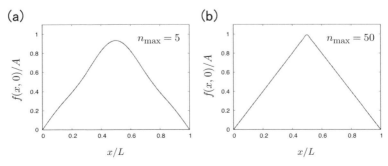

図 4.4 　式 (4.58) における和を $n = n_{\max}$ までの有限項の和で近似した関数．(a)$n_{\max} = 5$ の場合と (b)$n_{\max} = 50$ の場合．

図は $t=0$ の場合を示しており,図 4.4(a) が $n_{\max}=5$ の場合で,図 4.4(b) が $n_{\max}=50$ の場合である.

4.3　弾性体の振動

物体に力を加えると,物体の形が変形する.力が弱ければ,力をゆるめると物体の変形はもとに戻る.物体が示すこのような性質を**弾性** (elasticity) とよぶ.また,弾性的な性質を示す物体を**弾性体** (elastic body) とよぶ.

物体に加える力が大きくなると,力をゆるめても物体の変形がもとに戻らなくなる.物体の変形がもとに戻らなくなる最小の力を**弾性限界** (elastic limit) とよぶ.弾性体の振動を考える場合には,弾性限界を超えない力の範囲で考える.

ばねにおけるフックの法則と同様に,弾性体においてもフックの法則が成り立つ.すなわち,力が小さければ,弾性体の変形は力に比例する.ただし,弾性体に加える力は一般に応力テンソルで表される.また,弾性体の変形はひずみテンソルによって表される.応力テンソルとひずみテンソルは,**弾性定数** (elastic constant) によって関係づけられる.

以下では,種々の弾性定数を定義し,ひずみテンソル,応力テンソルを導入して,弾性体の振動を記述する運動方程式を導く.

4.3.1　ヤング率

図 4.5 のように,長さ ℓ で断面積が S の弾性体の棒に,力 F を加えて引っ張る.棒が伸びて,長さが $\ell + \Delta\ell$ になったとする.

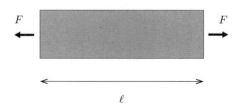

図 4.5　長さ ℓ の棒を両方から力 F で引っ張る.

F が小さいとき，$\Delta \ell$ は F に比例し
$$\frac{F}{S} = E\frac{\Delta \ell}{\ell} \tag{4.59}$$
とおける．E をヤング率 (Young's modulus) とよぶ．ヤング率は，ばねにおけるばね定数に相当する弾性定数である．

例題 4.2 式 (4.59) の左辺は圧力であって F ではない．また，右辺は $\Delta \ell$ ではなく $\Delta \ell / \ell$ となっている．この理由を説明せよ．

> **解** 式 (4.59) のヤング率は，棒の断面積と長さに依存しないように定義されている．もし，式 (4.59) の左辺を F で置き換えた式を考えると，
> $$F = E'\frac{\Delta \ell}{\ell} \tag{4.60}$$
> 右辺の係数はヤング率 E と区別して E' と書いた．棒を引っ張る力が F で棒の断面積が S のときの，棒の伸びを $\Delta \ell$ とする．棒の断面積を n 倍して同じ力 F で棒を引っ張ったとすると，棒の伸びは $\Delta \ell / n$ となる（断面積 S の棒を n 本束ねて引っ張ったと考えればよい）．よって，
> $$F = \frac{E'}{n}\frac{\Delta \ell}{\ell} \tag{4.61}$$
> つまり，式 (4.60) によって定義された E' は棒の断面積に依存することになる．
> 　また，式 (4.59) の右辺の $\Delta \ell / \ell$ を $\Delta \ell$ で置き換えた式を考えると，
> $$\frac{F}{S} = E''\Delta \ell \tag{4.62}$$
> 棒の長さを n 倍したとすると，$\Delta \ell$ は n 倍される．よって，この式で定義された E'' は棒の長さに依存することになる．

以下，弾性体としてヤング率に異方性がない**等方的** (isotropic) な弾性体を考える．つまり，方向によってヤング率が変化するような場合は考えない．

例題 4.3 銅のヤング率は $E = 1.3 \times 10^{11}$ Pa である．断面積 1 mm^2，長さ 1 m の銅線に 10 kg のおもりをぶら下げたとする．銅線の伸びを求めよ．ただし重力加速度を 9.8 m/s^2 とする．

> **解** 式 (4.59) より，
> $$\frac{\Delta \ell}{1 \text{ m}} = \frac{1}{1.3 \times 10^{11} \text{ Pa}} \times \frac{10 \text{ kg} \cdot 9.8 \text{ ms}^{-2}}{1 \text{ m} \cdot \text{m}^2} = 7.5 \times 10^{-4} \tag{4.63}$$
> この式から，$\Delta \ell = 7.5 \times 10^{-4}$ m．よって，銅線は約 1 mm 伸びることになる．

4.3.2 ポアソン比

膨らませた風船を一方向に引っ張ると，引っ張った方向に垂直な方向については，風船は縮む．同様に，図 4.5 の弾性体の棒を引っ張ったとき，力の方向に垂直な方向については，棒は縮むことになる．

引っ張る力の方向に垂直方向の棒の幅を d とする．図 4.6 のように，棒を引っ張ることで，d が $d+\Delta d$ に変化したとする．

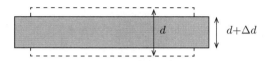

図 4.6 棒の両端を引っ張ったときに生じる棒の太さの縮小

力が小さければ，Δd は $\Delta \ell$ に比例する．この比例関係を

$$\frac{\Delta d}{d} = -\mu \frac{\Delta \ell}{\ell} \tag{4.64}$$

と表す．μ をポアソン比 (Poisson's ratio) とよぶ．$\Delta \ell > 0$ のとき，$\Delta d < 0$ だから，右辺に負号がついている．

例題 4.4 一辺の長さが a, b, c の直方体の弾性体がある．図 4.7 のように，大気圧に加えてさらに圧力 P_a, P_b, P_c を直方体の各面に加える．a の変化分 Δa を求めよ．

解 Δa は P_a, P_b, P_c の関数だから $\Delta a = \Delta a (P_a, P_b, P_c)$．$P_a, P_b, P_c$ が小さいとしてテイラー展開し，P_a, P_b, P_c について 1 次までで近似すると，$\Delta a (0,0,0) = 0$ であることに注意して

$$\Delta a \simeq \frac{\partial \Delta a}{\partial P_a} P_a + \frac{\partial \Delta a}{\partial P_b} P_b + \frac{\partial \Delta a}{\partial P_c} P_c \tag{4.65}$$

この式より，P_a, P_b, P_c それぞれによる Δa を考えて，それらを足し合わせれば良いことがわかる．

P_a による a の変化分 Δa を $\Delta_a a$ と書くと，式 (4.59) を適用して $\frac{\Delta_a a}{a} = -\frac{1}{E} P_a$．圧力を弾性体に加えているので，右辺には負号がつく．

P_b による Δa を $\Delta_b a$ と書くと，式 (4.64) を適用して $\frac{\Delta_b a}{a} = -\mu \frac{\Delta b}{b} = \mu \frac{1}{E} P_b$．2 番目の等号では，$P_b$ による Δb を考えて式 (4.59) を用いている．P_c による Δa も同様に考えて

$$\Delta a = \Delta_a a + \Delta_b a + \Delta_c a = -\frac{a}{E} [P_a - \mu (P_b + P_c)] \tag{4.66}$$

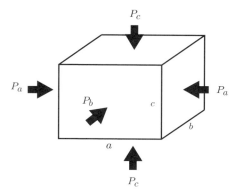

図 4.7　直方体形の弾性体の各面に圧力を加える．

4.3.3　体積弾性率

弾性体にかけられた圧力が ΔP だけ増加したとき，弾性体の体積が ΔV 変化したとする．このとき，

$$K = -\frac{\Delta P}{\Delta V/V} = -V\frac{\Delta P}{\Delta V} \tag{4.67}$$

を**体積弾性率** (bulk modulus) とよぶ．

微分形で書くと

$$K = -V\frac{\partial P}{\partial V} \tag{4.68}$$

とくに，断熱過程の場合には，エントロピー S が一定として次のように書く．

$$K_S = -V\left(\frac{\partial P}{\partial V}\right)_S \tag{4.69}$$

例題 4.5　理想気体の等温体積弾性率を求めよ．

　解　理想気体の圧力を P，体積を V とする．等温過程では PV が一定だから，$PdV + VdP = 0$．よって，

$$K_T = -V\left(\frac{\partial P}{\partial V}\right)_T = -V\left(-\frac{P}{V}\right) = P \tag{4.70}$$

なお，理想気体の K_S については演習問題 4.6 を参照されたい．

例題 4.6　一辺の長さが a の立方体の弾性体がある．ヤング率が E，ポアソン比が μ のとき，体積弾性率を求めよ．

解 立方体の各面に圧力 ΔP を加えたとすると，式 (4.66) の結果で，$P_a = P_b = P_c = \Delta P$ とおいて $\Delta a = -\frac{a}{E}(1-2\mu)\Delta P$. 体積変化は $\Delta V = (a+\Delta a)^3 - a^3 \simeq 3a^2 \Delta a = -\frac{3V}{E}(1-2\mu)\Delta P$ ゆえに

$$K = -V\frac{\Delta P}{\Delta V} = \frac{E}{3(1-2\mu)} \tag{4.71}$$

通常の物質では $\mu > 0$ である．また，$K > 0$ だから，式 (4.71) よりポアソン比について

$$0 < \mu < \frac{1}{2} \tag{4.72}$$

であることがわかる．

4.3.4 ずれ弾性率

直方体の弾性体の上下の面に，図 4.8(a) のように力 F_x を加えて，図 4.8(b) の変形が生じたとする．

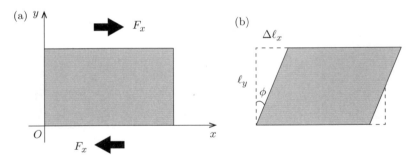

図 4.8 直方体形の弾性体の上面と下面に加える力 (a) と生じる変形 (b)

このとき，**ずれ弾性率**（剛性率，shear modulus）G を次式で定義する．

$$\frac{F_x}{S_y} = G\frac{\Delta \ell_x}{\ell_y} = G\phi \tag{4.73}$$

ここで S_y は，直方体の y 軸に垂直な面の面積である．

4.3.5 ひずみテンソル

弾性体の一般的な変形を記述するためにひずみテンソル (strain tensor) を定義しよう．

図 4.9(a) に示したように，弾性体中の 2 点 P と Q に着目する．弾性体の変形により，P,Q が図 4.9(a) から図 4.9(b) のように移動したとする．たとえて言うと，満員電車に P,Q という 2 人の人が乗車している状況が図 4.9(a) である．電車が駅で停車したときに，新たな乗客が流れ込むことによって P,Q の位置は移動する．これが図 4.9(b) である．

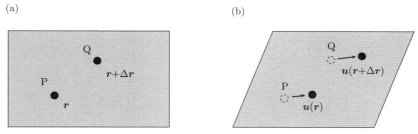

図 4.9　(a) 弾性体中の 2 点 P,Q．(b) 弾性体が変形したときの P,Q の変位．

さて，弾性体の変形を考えるためには，全体として移動した分を除いて考える必要がある．そこで，P の位置をもとの位置に戻して考えることにする．図 4.10 より，弾性体中の点 Q の正味の変位は $\boldsymbol{u}(\boldsymbol{r}+d\boldsymbol{r}) - \boldsymbol{u}(\boldsymbol{r})$ となる．$x_1 = x$, $x_2 = y, x_3 = z$ とおくと，このベクトルの i 番目の成分は

$$\begin{aligned}
&u_i(\boldsymbol{r}+d\boldsymbol{r}) - u_i(\boldsymbol{r}) \\
&= \sum_j \frac{\partial u_i}{\partial x_j} dx_j \\
&= \sum_j \left[\frac{1}{2}\left(\frac{\partial u_i}{\partial x_j} + \frac{\partial u_j}{\partial x_i}\right) dx_j + \frac{1}{2}\left(\frac{\partial u_i}{\partial x_j} - \frac{\partial u_j}{\partial x_i}\right) dx_j \right]
\end{aligned} \quad (4.74)$$

右辺括弧内の第 1 項は対称テンソル，第 2 項は反対称テンソルである．つまり第 1 項は i と j の入れ替えに関して符号を変えず対称だが，第 2 項は i と j を入れ替えると符号が反転する．

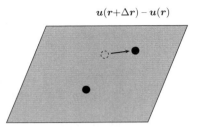

図 4.10 弾性体の正味の変形

対称テンソル部分が弾性体の変形であるひずみ (strain) を記述する[*5]. そこでひずみテンソル (strain tensor) を次式で定義する.

$$\varepsilon_{ij} = \frac{1}{2}\left(\frac{\partial u_i}{\partial x_j} + \frac{\partial u_j}{\partial x_i}\right) \tag{4.75}$$

ひずみテンソルが具体的に, 弾性体のどのような変形に結びつくかをみてみよう. ひずみテンソルの対角成分と非対角成分を分けて考える.

まず, 対角成分をみてみよう. c を定数として, $\varepsilon_{xx} = \partial u_x/\partial x = c$ の場合を考える. ε_{ij} のその他の成分はゼロとする. この式を x について積分すると, $u_x = cx$ となる. ただし, $x = 0$ で $u_x = 0$ として, 積分定数をゼロとおいた. この式より, $x = \ell$ の点における弾性体のひずみを $\Delta\ell$ とすると, $\Delta\ell = u_x(x+\ell) - u_x(x) = c\ell = \varepsilon_{xx}\ell$. よって,

$$\frac{\Delta\ell}{\ell} = \varepsilon_{xx} \tag{4.76}$$

したがって, ε_{xx} は, 式 (4.59) の右辺で示したような弾性体の変形と関係していることがわかる.

次に非対角成分をみてみよう. c を定数として

$$\varepsilon_{xy} = \frac{1}{2}\left(\frac{\partial u_x}{\partial y} + \frac{\partial u_y}{\partial x}\right) = c \tag{4.77}$$

の場合を考える. 簡単のために, さらに $\partial u_y/\partial x = 0$ であるとしよう. このとき, $u_x = 2cy, u_y = 0$ となる. よって, 図 4.11 に示したような変形となる. 図 4.11 の ϕ は 4.3.4 項のずれ弾性率に関連して導入した ϕ であり,

$$\phi = \frac{2cb}{b} = 2c = 2\varepsilon_{xy} \tag{4.78}$$

となる.

[*5] 反対称テンソル部分は弾性体の全体的な回転と関係している (演習問題 4.3 参照).

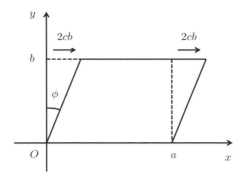

図 4.11 ε_{xy} によって記述される弾性体の変形

4.3.6 応力テンソル

次に，弾性体を変形させる力を考えよう．弾性体の表面に垂直に，弾性体の外向きに単位ベクトル $\bm{n}$ を定義する．図 4.12 に示したように微小領域の面積を ΔS として，面積要素ベクトルを

$$\Delta \bm{S} = \Delta S \bm{n} \tag{4.79}$$

で定義する．弾性体の微小領域に働く力は，ベクトル $\bm{n}$ に平行な成分（1つ）と垂直な成分（2つ）がある．

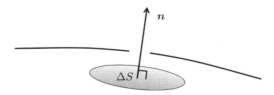

図 4.12 弾性体表面上の微小面積要素 ΔS と，微小面積部分に垂直な単位ベクトル $\bm{n}$

この微小領域に働く力を $\Delta \bm{F} = (\Delta F_x, \Delta F_y, \Delta F_z)$ とすると

$$\Delta F_\alpha = \sum_{\beta=x,y,z} p_{\alpha\beta} \Delta S_\beta = \sum_{\beta=x,y,z} \left[\frac{1}{2} (p_{\alpha\beta} + p_{\beta\alpha}) + \frac{1}{2} (p_{\alpha\beta} - p_{\beta\alpha}) \right] \Delta S_\beta \tag{4.80}$$

と書ける．右辺括弧内の第 1 項を $(p_{\alpha\beta} + p_{\beta\alpha})/2 \equiv \sigma_{\alpha\beta}$ とおく．$\sigma_{\alpha\beta}$ は α と

β の入れ替えについて対称であり，応力テンソルとよぶ．反対称性分は弾性体全体を回転させる力だから（演習問題 4.3 参照），弾性体のひずみを考える場合には不要である．よって，

$$\Delta F_\alpha = \sum_{\beta=x,y,z} \sigma_{\alpha\beta} \Delta S_\beta \tag{4.81}$$

4.3.7 応力テンソルとひずみテンソルの関係

弾性体の変形であるひずみテンソルと弾性体に加わる力である応力テンソルを定義した．次に，応力テンソルとひずみテンソルの関係を明らかにしよう．

この関係について考える前に，ばねの場合を思い出しておこう．ばねにかかる力を F，ばねの自然長からの伸びを x としたとき，よく知られたようにフックの法則 $F=kx$ が成り立つ．k はばね定数である．弾性体との対応でいうと，F が応力テンソルに対応し，x がひずみテンソルに対応する．ばね定数 k に対応する係数を決定しようというのがこの節での目的である．すなわち弾性体におけるフックの法則を導く．以下，弾性体として，等方的な弾性体を仮定する．つまり，ヤング率 E とポアソン率 μ がどの方向についても同じで一定であるような弾性体を考える．

最初に結果について述べよう．応力テンソルとひずみテンソルの間に成り立つフックの法則は

$$\sigma = \frac{E}{(1+\mu)(1-2\mu)}\left[(1-2\mu)\varepsilon + \mu(\mathrm{Tr}\varepsilon)\widehat{1}\right] \tag{4.82}$$

で与えられる．ここで $\widehat{1}$ は 3×3 の単位行列である．一見複雑であるが，右辺の角括弧内第 1 項のみであれば，$\sigma \propto \varepsilon$ という式である．

さて，式 (4.82) を導出しよう．付録 A.9 に示したように，実対称行列は対角化可能である．このことを用いると，式 (4.82) を簡単に導くことができる．まず，応力テンソル σ_{ij} が実対称行列である点に着目する．実対称行列であるから対角化可能である．式 (4.81) に座標変換 R を行うと

$$R\Delta \boldsymbol{F} = R\sigma\Delta \boldsymbol{S} = R\sigma R^T R \Delta \boldsymbol{S} \tag{4.83}$$

$\sigma' \equiv R\sigma R^T$ が対角化されるような R を選び，$\Delta \boldsymbol{F}' = R\Delta \boldsymbol{F}, \Delta \boldsymbol{S}' = R\Delta \boldsymbol{S}$, とおくと，

4.3 弾性体の振動

$$\Delta \boldsymbol{F}' = \sigma' \Delta \boldsymbol{S}' \tag{4.84}$$

σ' は対角化されているから，

$$\Delta F'_x = \sigma'_{xx}\Delta S'_x, \qquad \Delta F'_y = \sigma'_{yy}\Delta S'_y, \qquad \Delta F'_z = \sigma'_{zz}\Delta S'_z \tag{4.85}$$

$\Delta F'_\alpha (\alpha = x, y, z)$ について線形の範囲で考えることにすると，$\Delta F'_\alpha$ による変形を個別に考え，それらを足し上げればよい．

まず，$\Delta F'_x$ による弾性体のひずみは，式 (4.59) より

$$\varepsilon'_{xx} = \frac{1}{E}\frac{\Delta F'_x}{\Delta S'_x} = \frac{1}{E}\sigma'_{xx} \tag{4.86}$$

また，式 (4.64) より

$$\varepsilon'_{yy} = -\mu\varepsilon'_{xx} = -\frac{\mu}{E}\sigma'_{xx}$$
$$\varepsilon'_{zz} = -\mu\varepsilon'_{zz} = -\frac{\mu}{E}\sigma'_{xx}$$

同様に，$\Delta F'_y$ による弾性体のひずみは，

$$\varepsilon'_{xx} = -\mu\varepsilon'_{yy} = -\frac{\mu}{E}\sigma'_{yy}$$
$$\varepsilon'_{yy} = \frac{1}{E}\sigma'_{yy}$$
$$\varepsilon'_{zz} = -\mu\varepsilon'_{yy} = -\frac{\mu}{E}\sigma'_{yy}$$

$\Delta F'_z$ による弾性体のひずみも同様に考えると，$\Delta \boldsymbol{F}'$ による弾性体のひずみは

$$\varepsilon'_{xx} = \frac{1}{E}\left[\sigma'_{xx} - \mu\left(\sigma'_{yy} + \sigma'_{zz}\right)\right]$$
$$\varepsilon'_{yy} = \frac{1}{E}\left[\sigma'_{yy} - \mu\left(\sigma'_{zz} + \sigma'_{xx}\right)\right]$$
$$\varepsilon'_{zz} = \frac{1}{E}\left[\sigma'_{zz} - \mu\left(\sigma'_{xx} + \sigma'_{yy}\right)\right]$$

ここで，$\sigma'_{xx} - \mu\left(\sigma'_{yy} + \sigma'_{zz}\right) = (1+\mu)\sigma'_{xx} - \mu\mathrm{Tr}\sigma'$ などを用いて書き換えると

$$\varepsilon' = \frac{1+\mu}{E}\sigma' - \frac{\mu}{E}\left(\mathrm{Tr}\sigma'\right)\widehat{1} \tag{4.87}$$

両辺に左から R^T，右から R をかける．$R^T\varepsilon'R = \varepsilon$ などの関係により，R による座標変換を行う前の座標系での ε と σ で書くと

$$\varepsilon = \frac{1+\mu}{E}\sigma - \frac{\mu}{E}(\mathrm{Tr}\sigma)\hat{1} \tag{4.88}$$

ここで $\mathrm{Tr}\sigma' = \mathrm{Tr}(R\sigma R^T) = \mathrm{Tr}(R^T R\sigma) = \mathrm{Tr}\sigma$ を用いた[*6]．

式 (4.88) の両辺の行列のトレースをとり，$\mathrm{Tr}\hat{1} = 3$ に注意して $\mathrm{Tr}\sigma$ を求めると

$$\mathrm{Tr}\sigma = \frac{E}{1-2\mu}\mathrm{Tr}\varepsilon \tag{4.89}$$

この式を式 (4.88) の右辺第 2 項に代入して，σ について解くと式 (4.82) が得られる．

例題 4.7 式 (4.89) を示せ．

解 式 (4.88) の両辺のトレースをとって

$$\mathrm{Tr}\varepsilon = \frac{1+\mu}{E}\mathrm{Tr}\sigma - \frac{3\mu}{E}\mathrm{Tr}\sigma = \frac{1-2\mu}{E}\mathrm{Tr}\sigma \tag{4.90}$$

$\mathrm{Tr}\sigma$ について解いて，式 (4.89) を得る．

例題 4.8 σ_{xx} のみがゼロでない応力を弾性体に加えたとき，ε を求めよ．

解 式 (4.88) より，$\varepsilon_{xx} = \sigma_{xx}/E, \varepsilon_{yy} = -\mu\sigma_{xx}/E, \varepsilon_{zz} = -\mu\sigma_{xx}/E$ となる．ε のその他の成分はゼロである．

例題 4.9 式 (4.88) を用いて，次式で与えられるずれ弾性率 G と E, μ の間の関係式を示せ．

$$G = \frac{E}{2(1+\mu)} \tag{4.91}$$

解 σ_{xy} のみがゼロでない応力を弾性体に加えると，式 (4.88) より，$\varepsilon_{xy} = (1+\mu)\sigma_{xy}/E$．ところで，ずれ弾性率 G は，式 (4.73) と式 (4.78) より $2G = \sigma_{xy}/\varepsilon_{xy}$ と表せる．この 2 式より，式 (4.91) が示せる．

4.3.8 弾性体中の縦波と横波

さて，前節で応力テンソルとひずみテンソルの関係がわかったので，いよいよ弾性体の振動を記述する運動方程式を導出しよう．図 4.13 に示した，弾性体

[*6] 正方行列 A と B について，$\mathrm{Tr}(AB) = \sum_{i,j} A_{ij}B_{ji} = \sum_{i,j} B_{ji}A_{ij} = \mathrm{Tr}(BA)$ つまり行列の跡 (Tr) のもとでは，行列 A と B は交換できる．

中の直方体形の微小体積要素に着目する．1つの頂点が (x,y,z) であり，微小体積要素の各辺の長さが $\Delta x, \Delta y, \Delta z$ である．図では y 軸に垂直な面積要素ベクトル $\Delta \boldsymbol{S}_y$ を矢印で示しているが，もちろん x 軸，z 軸に垂直な面積要素ベクトル $\Delta \boldsymbol{S}_x$, $\Delta \boldsymbol{S}_z$ も考える．

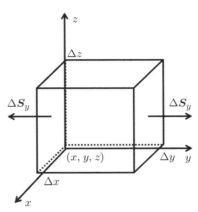

図 4.13 直方体形の弾性体と y 軸方向の面積要素ベクトル．図には示していないが，x 軸，z 軸方向の面積要素ベクトルも存在する．

弾性体中の点 (x,y,z) における応力テンソルを $\sigma(x,y,z)$ とする．直方体の各面に働く力を考えると，x 方向に働く力は

$$\Delta F_x = \sigma_{xx}(x+\Delta x, y, z)\Delta S_x - \sigma_{xx}(x,y,z)\Delta S_x$$
$$+\sigma_{xy}(x, y+\Delta y, z)\Delta S_y - \sigma_{xy}(x,y,z)\Delta S_y$$
$$+\sigma_{xz}(x, y, z+\Delta z)\Delta S_z - \sigma_{xz}(x,y,z)\Delta S_z$$

この式の右辺を $\Delta x, \Delta y, \Delta z$ について1次までで展開すると，x 方向に働く単位体積あたりの力 f_x は

$$f_x = \frac{F_x}{\Delta x \Delta y \Delta z} = \partial_x \sigma_{xx} + \partial_y \sigma_{xy} + \partial_z \sigma_{xz} \tag{4.92}$$

応力テンソルとひずみテンソルの関係 (4.82) から，右辺の $\sigma_{\alpha\beta}$ はひずみテンソルを用いて書ける．

式 (4.92) に式 (4.82) から得られる $\sigma_{xx}, \sigma_{xy}, \sigma_{xz}$ の式を代入して整理すると

$$f_x = \frac{E}{(1+\mu)(1-2\mu)}\left[(1-\mu)\partial_x\varepsilon_{xx} + \mu(\partial_x\varepsilon_{yy} + \partial_x\varepsilon_{zz})\right]$$
$$+\frac{E}{1+\mu}(\partial_y\varepsilon_{xy} + \partial_z\varepsilon_{xz})$$
$$= \frac{E}{(1+\mu)(1-2\mu)}\left[(1-2\mu)(\partial_x\varepsilon_{xx} + \partial_y\varepsilon_{xy} + \partial_z\varepsilon_{xz})\right.$$
$$\left.+\mu(\partial_x\varepsilon_{xx} + \partial_x\varepsilon_{yy} + \partial_x\varepsilon_{zz})\right] \quad (4.93)$$

ひずみテンソルと弾性体の変位 $\boldsymbol{u}(\boldsymbol{r})$ の関係式 (4.75) から

$$\varepsilon_{xx} = \partial_x u_x, \ 2\varepsilon_{xy} = \partial_y u_x + \partial_x u_y, \ 2\varepsilon_{xz} = \partial_z u_x + \partial_x u_z \quad (4.94)$$

これらの式を式 (4.93) に代入して整理すると

$$f_x = \frac{E}{2(1+\mu)(1-2\mu)}\left[(1-2\mu)\nabla^2 u_x + \partial_x(\nabla\cdot\boldsymbol{u})\right] \quad (4.95)$$

記号 ∇ や ∇^2 については，付録 A.5 を参照されたい．他の成分も同様に計算して，

$$\boldsymbol{f} = \frac{E}{2(1+\mu)(1-2\mu)}\left[(1-2\mu)\nabla^2\boldsymbol{u} + \nabla(\nabla\cdot\boldsymbol{u})\right] \quad (4.96)$$

単位体積あたりに働く力がわかったので，弾性体の密度を ρ とすると，運動方程式は $\rho\partial_t^2\boldsymbol{u} = \boldsymbol{f}$ で与えられるから，

$$\rho\partial_t^2\boldsymbol{u} = \frac{E}{2(1+\mu)}\left[\nabla^2\boldsymbol{u} + \frac{1}{1-2\mu}\nabla(\nabla\cdot\boldsymbol{u})\right] \quad (4.97)$$

これが等方的な弾性体の振動を記述する方程式である．

さて，弾性体の振動の方程式 (4.97) をもとに，縦波と横波を調べてみよう．地表を弾性体とみなすと，地震の P 波（縦波）と S 波（横波）を調べることになる．記号を簡単化するために，$a = \frac{E}{2\rho(1+\mu)}$, $b = \frac{E}{2\rho(1+\mu)(1-2\mu)}$ とおくと，式 (4.97) は次のように書ける．

$$\partial_t^2\boldsymbol{u} = a\nabla^2\boldsymbol{u} + b\nabla(\nabla\cdot\boldsymbol{u}) \quad (4.98)$$

$\boldsymbol{u}_0$ を定数ベクトルとして，

$$\boldsymbol{u} = \boldsymbol{u}_0\exp(i(\boldsymbol{k}\cdot\boldsymbol{r} - \omega t)) \quad (4.99)$$

4.3 弾性体の振動

とおく [*7]．座標ベクトル $\boldsymbol{r}$ を，ベクトル $\boldsymbol{k}$ に平行なベクトル $\boldsymbol{r}_\parallel$ と垂直なベクトル $\boldsymbol{r}_\perp$ に分けて，$\boldsymbol{r} = \boldsymbol{r}_\parallel + \boldsymbol{r}_\perp$ と書くと，$\boldsymbol{k} \cdot \boldsymbol{r} = kr_\parallel$ となる．このことから，ベクトル $\boldsymbol{k}$ は波の進行方向を表すベクトルであることがわかる．

まず，縦波の場合を考えよう．式 (4.99) を式 (4.98) に代入すると，

$$\omega^2 \boldsymbol{u}_0 = ak^2 \boldsymbol{u}_0 + b\boldsymbol{k} (\boldsymbol{k} \cdot \boldsymbol{u}_0) \tag{4.100}$$

縦波では，波の進行方向と弾性体の変位を表すベクトル $\boldsymbol{u}$ が平行だから，$\boldsymbol{k}$ と $\boldsymbol{u}$ が平行である．よって，$\boldsymbol{k}(\boldsymbol{k} \cdot \boldsymbol{u}_0) = k^2 \boldsymbol{u}_0$ となる．ゆえに，式 (4.100) より $\omega^2 \boldsymbol{u}_0 = ak^2 \boldsymbol{u}_0 + bk^2 \boldsymbol{u}_0$．この式から，縦波の分散関係は $\omega = \omega_k^{(\ell)} = v_\ell k$ となる．v_ℓ は次式で与えられる．

$$v_\ell = \sqrt{a+b} = \sqrt{\frac{1-\mu}{(1+\mu)(1-2\mu)} \frac{E}{\rho}} \tag{4.101}$$

式 (4.99) より

$$\boldsymbol{u} = \boldsymbol{u}_0 \exp\left(ik\left(r_\parallel - v_\ell t\right)\right) \tag{4.102}$$

となるから，v_ℓ が縦波の速さを表していることがわかる．また，この表式より波の波長を λ とすると，$k\lambda = 2\pi$ であることがわかる．つまり，

$$k = \frac{2\pi}{\lambda} \tag{4.103}$$

である．このことから，$\boldsymbol{k}$ の大きさは波長と関係しており，$\boldsymbol{k}$ を**波数ベクトル** (wave vector) とよぶ．

次に，横波の場合を考える．横波では，$\boldsymbol{k} \cdot \boldsymbol{u}_0 = 0$ だから $\omega^2 \boldsymbol{u}_0 = ak^2 \boldsymbol{u}_0$．よって横波の分散関係は $\omega_k^{(t)} = v_t k$ となり，横波の速さ v_t は次式で与えられる．

$$v_t = \sqrt{a} = \sqrt{\frac{E}{2(1+\mu)\rho}} = \sqrt{\frac{G}{\rho}} \tag{4.104}$$

例題 4.10 $v_\ell > \sqrt{2} v_t$ を示せ．

[*7] この解は平面波とよばれ，5.2 節で改めて考察する．

解 上の v_ℓ と v_t の表式より $\left(\frac{v_\ell}{v_t}\right)^2 = \frac{2(1-\mu)}{(1-2\mu)} = 1 + \frac{1}{1-2\mu}$ となるが,式 (4.72) より $0 < \mu < 1/2$ だから,$1/(1-2\mu) > 1$. よって,$(v_\ell/v_t)^2 > 2$ となるから,$v_\ell > \sqrt{2} v_t$. この結果より,縦波のほうが横波よりも速く伝わることがわかる. 地震の P 波と S 波では,$v_\ell = 5 \sim 7$ km/s, $v_t = 3 \sim 4$ km/s である.

4.4 気柱の振動

前節の弾性体の振動は,固体の振動である. この節では,気体の振動を考えよう. まず,気体の振動を記述する方程式を導出し,その方程式をもとに気柱の振動を調べる.

4.4.1 気体の運動方程式

弾性体と異なり,気体の振動としては縦波のみを考えればよい [*8]. 縦波では気体の質量密度 $\rho = M/V$ の変化が生じる. ここで M は気体の質量,V は体積である. ρ が大きいところでは気体の圧力 P が高く,ρ が小さいところでは P が低くなる.

例題 4.11 気体を理想気体として,この ρ と P の関係を示せ.

解 気体の温度を T とする. 理想気体の状態方程式より,$PV = (M/m)RT$. ここで m は気体分子の分子量である. 両辺を V でわって,ρ を用いて表すと

$$P = \frac{RT}{m}\rho \tag{4.105}$$

よって P は ρ に比例するから,上で述べたことが成り立つ.

さて,弾性体の振動では,ヤング率やポアソン比が振動と関係していた. 気体の振動において,振動と関係するのは**圧縮率** (compressibility) である. 圧縮率は体積弾性率の逆数であり,断熱圧縮率と等温圧縮率がある. 通常,振動の

[*8] 弾性体のような固体では並進対称性が破れている. つまり,原子や分子が結晶を形成し,互いの距離がおよそ決まっている. しかし,気体のような流体ではこのようなことがない. そのため,4.3.4 項の図 4.8(a) のような力を加えたとしても,図 4.8(b) の変形は生じない.

時間スケールにおける周囲との熱のやりとりは無視することができるから，断熱過程とみなせる．このことから，次式の断熱圧縮率が気体の振動と関係する．

$$\kappa_S = -\frac{1}{V}\left(\frac{\partial V}{\partial P}\right)_S \tag{4.106}$$

例題 4.12 理想気体の κ_S を求めよ．

解 理想気体の断熱過程においては PV^γ が一定である．ここで γ は比熱比 (heat capacity ratio) で，C_P および C_V をそれぞれ定圧モル比熱，定積モル比熱として，$\gamma = C_P/C_V$ である．この式の対数をとって微分すると $\frac{dP}{P} + \gamma\frac{dV}{V} = 0$. よって，

$$\kappa_S = -\frac{1}{V}\left(\frac{\partial V}{\partial P}\right)_S = \frac{1}{\gamma P} \tag{4.107}$$

式 (4.106) を気体の質量密度 ρ を用いて書き換えよう．$V = M/\rho$ と書けるから，

$$\kappa_S = -\frac{1}{V}\left(\frac{\partial V}{\partial P}\right)_S = -\frac{\rho}{M}\left[\frac{\partial}{\partial P}\left(\frac{M}{\rho}\right)\right]_S = \frac{1}{\rho}\left(\frac{\partial \rho}{\partial P}\right)_S \tag{4.108}$$

さて，シリンダー内の気体の運動を考えよう．図 4.14 に示したように，x 軸に平行なシリンダー内の微小領域に存在する気体を考える．時間 t, 座標 x における気体の流れの速度を $v(x,t)$ とし，シリンダーの断面積を A とする（図では，v の t 依存性はあらわには書いていない）．

まず，区間 $[x, x + \Delta x]$ の範囲に存在する気体の質量に着目する．x,t における気体の密度を $\rho(x,t)$ とすると，時間 Δt の間での，微小領域における気体の質量変化は

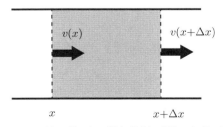

図 4.14　シリンダー中の微小部分における気体の流速

$$\rho\left[(x, t + \Delta t) - \rho(x, t)\right] A \Delta x$$
$$= \rho(x,t) v(x,t) \Delta t A - \rho(x+\Delta x, t) v(x+\Delta x, t) \Delta t A$$

左辺は，時間による変化分を表している．この変化分は微小領域の左側から流入する気体と右側から流出する気体の差に等しく，これが右辺である．Δx と Δt が微小であると仮定して展開し，$\Delta x \Delta t$ のオーダーまでで近似して，両辺を $\Delta x \Delta t A$ でわると

$$\frac{\partial \rho}{\partial t} = -\frac{\partial}{\partial x}(\rho v) \tag{4.109}$$

この式を連続の方程式とよぶ．粒子数の保存と関連して成り立つ方程式である．

次に，シリンダー内の気体の運動量の変化分を考える．着目している微小区間における気体が，x,t において周囲の気体から受ける圧力を $P(x,t)$ とする．運動量の時間変化は，

$$[\rho(x, t+\Delta t) v(x, t+\Delta t) - \rho(x,t) v(x,t)] A \Delta x$$
$$= \rho(x,t) v(x,t) v(x,t) \Delta t A - \rho(x+\Delta x, t) v(x+\Delta x, t) v(x+\Delta x, t) \Delta t A$$
$$+ P(x,t) A \Delta t - P(x+\Delta x, t) A \Delta t$$

右辺の最後の2項は圧力による力積である．

この式を $\Delta t, \Delta x$ について展開して，両辺を $\Delta x \Delta t A$ で割ると，

$$\frac{\partial}{\partial t}(\rho v) = -\frac{\partial}{\partial x}\left(\rho v^2\right) - \frac{\partial P}{\partial x} \tag{4.110}$$

右辺第2項で $\rho v^2 = \rho v \cdot v$ として，ρv の微分と v の微分に分ける．連続の式 (4.109) を用いて，次式を得る．

$$\rho \left(\frac{\partial v}{\partial t} + v \frac{\partial v}{\partial x}\right) = -\frac{\partial P}{\partial x} \tag{4.111}$$

この式は，1次元的に流れる気体を記述する**オイラー方程式** (Euler equations) である [*9)]．

[*9)] 3次元的な流れの場合のオイラー方程式は次式で与えられる．
$$\rho \left[\frac{\partial \boldsymbol{v}}{\partial t} + (\boldsymbol{v} \cdot \nabla) \boldsymbol{v}\right] = -\nabla P \tag{4.112}$$

4.4.2 振動の方程式

振動が存在しない平衡状態における気体の密度と圧力を，それぞれ ρ_0, P_0 とする．気体の振動状態での密度と圧力をそれぞれ ρ, P とすると

$$\rho = \rho_0 + \delta\rho, \qquad P = P_0 + \delta P \tag{4.113}$$

とかける．ここで $\delta\rho$ および δP は振動に関係する微小量である．平衡状態では $v = 0$ だから，これらの微小量と同様，気体の速度 v も微小量である．

以下，微小量について1次までの近似で考え，2次以上の項を無視する．式 (4.113) を式 (4.111) に代入すると，

$$\rho_0 \frac{\partial}{\partial t} v = -\frac{\partial}{\partial x} \delta P \tag{4.114}$$

一方，連続の方程式 (4.109) に式 (4.113) を代入して，

$$\frac{\partial}{\partial t} \delta\rho = -\rho_0 \frac{\partial}{\partial x} v \tag{4.115}$$

式 (4.114) の両辺を x で偏微分して式 (4.115) を代入すると

$$\frac{\partial^2}{\partial t^2} \delta\rho = \frac{\partial^2}{\partial x^2} \delta P \tag{4.116}$$

一方，式 (4.108) において $\left(\frac{\partial \rho}{\partial P}\right)_S = \frac{\delta\rho}{\delta P}$ とおきかえて，$\delta\rho = \kappa_S \rho_0 \delta P$．この式を式 (4.116) に代入して，1次元の波動方程式

$$\frac{\partial^2}{\partial t^2} \delta P = c^2 \frac{\partial^2}{\partial x^2} \delta P \tag{4.117}$$

が得られる．ただし，

$$c = \frac{1}{\sqrt{\kappa_S \rho_0}} \tag{4.118}$$

この1次元の波動方程式 (4.117) について，$\delta P = A\cos\left(k\left(x - ct\right)\right)$ が解であることが，代入することで確かめられる．k は定数である．この式より，c が音速であることがわかる [*10]．

[*10] ニュートンは κ_S のかわりに κ_T を用いて音速を計算した．ボイルの法則 (気体の圧力 P と体積 V について，PV が一定) を適用したためである．そのような計算では，例題 4.14 に示すように実際の音速の値から 20%ほど小さくなってしまう．

例題 4.13 理想気体では
$$c = \sqrt{\frac{\gamma RT}{m}} \tag{4.119}$$
となることを示せ．ここで m は気体の分子量，R は気体定数，γ は比熱比である．

解 式 (4.107) の結果より，$\kappa_S = 1/(\gamma P)$．また，気体の物質量を n とすると，$\rho_0 = nm/V$ だから，$c = \frac{1}{\sqrt{\kappa_S \rho_0}} = \frac{1}{\sqrt{\frac{1}{\gamma P} \frac{nm}{V}}} = \sqrt{\frac{\gamma RT}{m}}$．

例題 4.14 摂氏 20 度における空気中の音速 c を求めよ．ただし $\gamma = 1.4$，空気の平均分子量を $m = 29$ とする．

解 式 (4.119) に $\gamma = 1.4, m = 29$ g/mol, $T = 293.15$ K, $R = 8.31$ J/mol・K を代入して計算すると，$c = 340$ m/s を得る．この値は実験値とよく一致している．なお，κ_S のかわりに $\kappa_T = 1/P$ を用いて計算すると，$c/\sqrt{\gamma} = 290$ m/s となって，約 20% 小さい値になる．

4.4.3 気柱の振動

さて，図 4.15 に示したような片側が閉じたシリンダー内の気体による振動を考えよう．$x = 0$ の側は閉じており，$x = L$ の側は開いている．

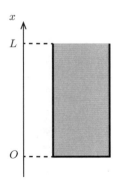

図 4.15 高さ L の気柱．$x = L$ は開放端で，$x = 0$ は閉じている．

この気柱の振動においては，境界条件が少しわかりにくい．$\delta\rho$ や δP ではなく，x, t における気体分子の変位 $u(x, t)$ を用いて境界条件を考えよう．$\delta\rho$ と $u(x, t)$ の関係を導くために図 4.16 を用いる．シリンダーの断面積を A とする．

4.4 気柱の振動

平衡状態において微小区間 $[x, x+\Delta x]$ に存在していた質量 $\rho_0 A\Delta x$ の気体分子が，気体の振動によって区間 $[x+u(x,t), x+\Delta x+u(x+\Delta x,t)]$ に移動する．よって，気体分子が変位したあとの密度は

$$\rho_0 + \delta\rho = \frac{\rho_0 A\Delta x}{A\left[\Delta x + u(x+\Delta x, t) - u(x,t)\right]} \tag{4.120}$$

この式より，$\left(1+\frac{\partial u}{\partial x}\right)(\rho_0+\delta\rho) = \rho_0$．$u(x,t)$ は振動による気体分子の微小変位だから，2次以上の微小量を無視して

$$\delta\rho = -\rho_0 \frac{\partial u}{\partial x} \tag{4.121}$$

となる．式 (4.117) において $\delta P (\propto \delta\rho)$ を $\delta\rho$ に置き換えた式に，この式を代入して，x で積分すると

$$\frac{\partial^2 u}{\partial t^2} = c^2 \frac{\partial^2 u}{\partial x^2} \tag{4.122}$$

積分定数については，振動が存在しない場合を考えてゼロになることがわかる．このようにして $u(x,t)$ も，棒の縦振動と同様に1次元の波動方程式をみたす．

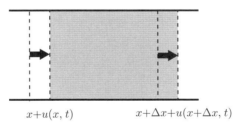

図 4.16 シリンダー中の微小部分の変位

さて，気柱の振動における境界条件を考えよう．閉じている側 $x=0$ では，気体分子は変位することができないから

$$u(0, t) = 0 \tag{4.123}$$

である．開いている側 $x=L$ では，4.2.1 項で棒の縦振動を考えたときの自由端の条件と同様に

$$u_x(L, t) = 0 \tag{4.124}$$

1 次元の波動方程式 (4.122) の解は

$$u(x,t) = [A\sin(kx) + B\cos(kx)]\cos(ckt+\delta) \quad (4.125)$$

とおける．ここで A, B, δ は定数である．境界条件 (4.123) より $B\cos(ckt+\delta) = 0$．よって，$B = 0$．さらに，境界条件 (4.124) より $kA\cos(kL)\cos(ckt+\delta) = 0$．この式から，$\cos(kL) = 0$，すなわち n を正の整数として

$$k = k_n = \frac{\pi}{L}\left(n - \frac{1}{2}\right) \quad (4.126)$$

ゆえに波動方程式 (4.122) の一般解は

$$u(x,t) = \sum_{n=0}^{\infty} A_n \cos(\omega_n t + \delta_n)\sin(k_n x) \quad (4.127)$$

ここで，$\omega_n = ck_n$ であり，A_n, δ_n は初期条件から決まる定数である．$\delta\rho$ については，式 (4.121) より，$R_n = -\rho_0 k_n A_n$ として

$$\delta\rho(x,t) = \sum_{n=0}^{\infty} R_n \cos(\omega_n t + \delta_n)\cos(k_n x) \quad (4.128)$$

$n = 1, 2, 3$ の場合の $u(x,t)$ を図示したのが図 4.17 である．図中，$u(x,t) = 0$ となっている点は節 (node) であり，つねに $u(x,t) = 0$ である．その他の点では，振幅が最大となる場合を示している [*11]．$\delta\rho$ および δP は，$u(x,t)$ を x で偏微分したものであるから，$x = L$ で $\delta P = 0, \delta\rho = 0$ となる．つまり，開放端では圧力変化と密度変化がない．一方，$x = 0$ では，これらの x についての偏微分がゼロとなる．

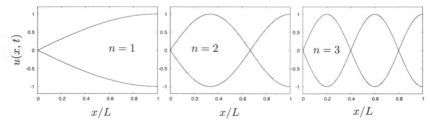

図 4.17 気柱における気体の振動状態．$n = 1, 2, 3$ の場合を示してある．

[*11] gnuplot による気柱の振動のアニメーションは，サポートページの cavity.plt を実行することで見ることができる．

4.5 膜の振動

次に，膜の振動を考えよう．たとえば，太鼓を叩いたときに生じる振動である．膜は境界において，単位長さあたり張力 T で引っ張られているとする．時間 t, 座標 x, y における膜の変位を $u(x, y, t)$ とし，図 4.18 に示したように，微小領域 $[x, x+\Delta x] \times [y, y+\Delta y]$ に着目する．

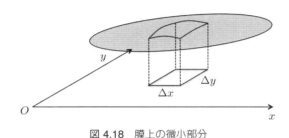

図 4.18　膜上の微小部分

膜の振動の運動方程式を導出するには，4.1.2 項の弦の振動の考え方を 2 次元の場合に拡張すればよい．まず，この微小領域の y 軸に平行な辺に着目する．座標が x の部分と $x+\Delta x$ の部分があるが，座標が $x+\Delta x$ の部分に働く張力は，大きさが $T\Delta y$ であり，方向は x 軸の正の方向である．

図 4.19 に示したように，$x+\Delta x$ の点において，x 軸と膜がなす角度を θ とすると

$$\tan \theta = u_x(x+\Delta x, y, t) \tag{4.129}$$

である．また，x-y 面に垂直な方向に働く力は $T\Delta y \tan\theta$ で表される．

この微小領域の他の辺も同様に考えると，運動方程式は

$$\rho \Delta x \Delta y \frac{\partial^2}{\partial t^2} u(x, y, t) = \Delta y T [u_x(x+\Delta x, y, t) - u_x(x, y, t)]$$
$$+ \Delta x T [u_y(x, y+\Delta y, t) - u_y(x, y, t)]$$

ここで ρ は膜の面密度である．右辺を Δx や Δy が微小であるとして展開し，両辺を $\Delta x \Delta y$ でわる．そして，これらがゼロの極限をとると

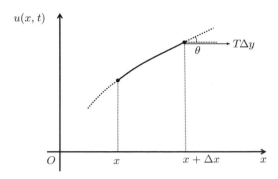

図 4.19　y 軸の正の方向からみたときの，膜上の微小部分に働く張力．

$$\frac{\partial^2}{\partial t^2}u(x,y,t) = c^2\left[\frac{\partial^2}{\partial x^2}u(x,y,t) + \frac{\partial^2}{\partial y^2}u(x,y,t)\right] \tag{4.130}$$

この式は空間次元が 2 次元の場合の波動方程式である．波が伝播する速さ c は，次式で与えられる．

$$c = \sqrt{\frac{T}{\rho}} \tag{4.131}$$

例題 4.15　一辺の長さが L の正方形の膜の振動を考える．端で膜は固定されているから，境界条件は $u(x,0,t) = 0, u(x,L,t) = 0, u(0,y,t) = 0, u(L,y,t) = 0$ である．式 (4.130) の解を求めよ．

解　境界条件 $u(0,y,t) = 0$ および $u(x,0,t) = 0$ を考慮すると，式 (4.130) の解は

$$u(x,y,t) = Ae^{i\omega t}\sin(k_x x)\sin(k_y y) \tag{4.132}$$

とおける．$k_{x,y}, A$ は定数である．境界条件 $u(x,L,t) = 0$ および $u(L,y,t) = 0$ より，$k_x = \pi n_x/L, k_y = \pi n_y/L$ となる．ただし，n_x, n_y は正の整数である．また，式 (4.130) に式 (4.132) を代入して，次の分散関係が得られる [*12]．

$$\omega = c\sqrt{k_x^2 + k_y^2} \tag{4.133}$$

次に円形膜の振動を考えよう．先の例題でみたように，正方形もしくは長方形の膜の振動は各方向でみれば 1 次元の場合と同様である．しかし，円形膜の場合には事情が異なる．

[*12]　gnuplot のアニメーションは，サポートページの membrane.plt によってみることができる．

まず，式 (4.130) を 2 次元の極座標を用いて書き換えよう．2 次元極座標におけるラプラシアンは，付録 A.6 で導出している．その結果を用いると

$$\frac{\partial^2 u}{\partial t^2} = c^2 \left(\frac{\partial^2 u}{\partial r^2} + \frac{1}{r}\frac{\partial u}{\partial r} + \frac{1}{r^2}\frac{\partial^2 u}{\partial \phi^2} \right) \tag{4.134}$$

この式で

$$u(r, \phi, t) = f(r) e^{-i\omega t + i\ell\phi} \tag{4.135}$$

とおいて代入して整理する (解をこの形でおけることは，演習問題 4.8 に示したように変数分離法を適用すればわかる).

$$\frac{d^2 f}{dr^2} + \frac{1}{r}\frac{df}{dr} + \left(\frac{\omega^2}{c^2} - \frac{\ell^2}{r^2} \right) f = 0 \tag{4.136}$$

ここで $\omega = ck$ とおき，$\rho = kr$ と変数変換すると

$$\frac{d^2 f}{d\rho^2} + \frac{1}{\rho}\frac{df}{d\rho} + \left(1 - \frac{\ell^2}{\rho^2} \right) f = 0 \tag{4.137}$$

この微分方程式は**ベッセルの微分方程式** (Bessel differential equation) とよばれる．

この微分方程式を調べる前に，ϕ に依存する部分を考察しておこう．ϕ については周期的境界条件 $u(r, \phi + 2\pi, t) = u(r, \phi, t)$ が成り立つから，$\exp(2\pi i \ell) = 1$ である．よって，ℓ は整数となる．

さて，式 (4.137) の解は**ベッセル関数** (Bessel functions) とよばれ，$J_\ell(\rho)$ および $N_\ell(\rho)$ と書かれる．式 (4.137) は 2 階の微分方程式だから，独立な解が 2 つ存在する．$J_\ell(\rho)$ は $\rho = 0$ で有限だが，$N_\ell(\rho)$ は $\rho = 0$ で発散する．膜の振動において，$\rho = 0$ は膜の中心である．したがって，解としては $J_\ell(\rho) = J_\ell(kr)$ のみを考えればよい．

未定の定数 k は境界条件から定まる．膜が $r = R$ で固定されているとすれば，$u(R, \phi, t) = 0$ である．したがって，

$$J_\ell(kR) = 0 \tag{4.138}$$

1 次元の弦の振動を考えたときには，境界条件から $\sin(kL) = 0$ といった方程式が得られたことを思い起こそう．式 (4.138) はこの式に相当する．三角関数で表されている場合と異なり，式 (4.138) の解は数値的にしか求まらない．

$\ell = 0$ のときは $kR = 2.4048\ldots, 5.5201\ldots, 8.6537\ldots$ であり,$\ell = 1$ のときは $kR = 3.8317\ldots, 7.0156\ldots, 10.1735\ldots$ である.

式 (4.138) をみたす k を小さいほうから $k_1^{(\ell)}, k_2^{(\ell)}, k_3^{(\ell)}, \ldots$ とすると,式 (4.130) の一般解は

$$u(r,\phi,t) = \sum_{\ell=0}^{\infty}\sum_{j=1}^{\infty} C_{\ell j} e^{i\ell\phi - ick_j^{(\ell)}t} J_\ell\left(k_j^{(\ell)} r\right) \tag{4.139}$$

となる.定数 $C_{\ell j}$ は初期条件から定まる.

演習問題

演習問題 4.1 4.2.1 項で考えた自由端での境界条件が,式 (4.32) で与えられることを説明せよ.

演習問題 4.2 $f_0(x) = 1, f_1(x) = ax + b, f_2(x) = px^2 + qx + r$ とおく.ただし,a,b,p,q,r を定数である.区間 $0 \leq x \leq 1$ における,2 つの関数の内積を式 (4.36) で定義する.$(f_i, f_j) = \delta_{ij}(i,j = 0,1,2)$ となるように,a,b,p,q,r を定めよ.

演習問題 4.3 式 (4.74) の反対称テンソル部分は弾性体の全体的な回転と関係することを説明せよ.また,式 (4.80) の反対称成分が弾性体全体を回転させる力であることを説明せよ.

演習問題 4.4 チタンのヤング率は $E = 1.16 \times 10^{11}$ Pa,ポアソン比は $\mu = 0.321$ である.式 (4.91) よりずれ弾性率 G を求めよ.また,チタンの密度が $\rho = 4.54 \times 10^3$ kg/m^3 であることから,縦波の速さ v_ℓ と横波の速さ v_t を求めよ.

演習問題 4.5 図 4.20 に示したような円柱形の弾性体のねじれによる振動を考える.円柱の軸に垂直に平面 x-y をとり,円柱の中心を $x = y = 0$ として,時間 t,座標 z における図のねじれの角度を $\phi(z,t)$ とする.

1) 座標 x,y,z の点においてねじれによる弾性体の変位が $\boldsymbol{u} = (-y, x, 0)\phi(z,t)$ とかけることを示せ.
2) ϕ が 1 次元の波動方程式 $\partial_t^2\phi = v_t^2\partial_z^2\phi$ に従うことを示せ.

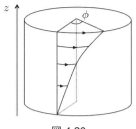

図 4.20

演習問題 4.6 γ を比熱比とすると,理想気体の断熱過程において PV^γ は一定である.このことから,$K_S = \gamma P$ を示せ.

演習問題 4.7 $T = 300$ K 近傍における音速の温度変化を求めよ.

演習問題 4.8 偏微分方程式 (4.134) に変数分離法を適用する.解を

$$u(r, \phi, t) = R(r)\Phi(\phi)T(t) \tag{4.140}$$

とおいて,解が式 (4.135) のように書けることを示せ.また,$R(r)$ がみたす微分方程式を求めよ.

5 波　　動

これまで主として，空間的に定まった区間において質点や連続体が振動する現象を扱ってきた．この章では，伝播する波の問題を考える．伝播する波の代表的なものは電磁波（光）であろう．平面波や球面波といった基本的な波に加えて，空間の一部分に局在した波である波束の運動についても述べる．波束を記述するうえで，フーリエ変換が重要な役割を演じる．

5.1　電　磁　波

電磁波が従う方程式を導出しよう．電場を E，磁束密度を B とする．電荷密度も電流密度も存在しない真空において，E と B の時間・空間変化は次のマクスウェル方程式によって記述される（∇ 記号については付録 A.5 を参照されたい）．

$$\nabla \cdot E = 0 \tag{5.1}$$

$$\nabla \cdot B = 0 \tag{5.2}$$

$$\nabla \times E = -\frac{\partial}{\partial t} B \tag{5.3}$$

$$\nabla \times B = \frac{1}{c^2} \frac{\partial E}{\partial t} \tag{5.4}$$

$c = 2.99792458 \times 10^8$ m/s は光速である．

電磁波が従う方程式を導出するにあたり，まず，任意のベクトル場 $Q = Q(x, y, z)$ について成り立つ次の公式を示そう．

$$\nabla \times (\nabla \times Q) = -\nabla^2 Q + \nabla (\nabla \cdot Q) \tag{5.5}$$

左辺の x 成分は

$$[\nabla \times (\nabla \times \boldsymbol{Q})]_x = \partial_y (\nabla \times \boldsymbol{Q})_z - \partial_z (\nabla \times \boldsymbol{Q})_y$$
$$= \partial_y (\partial_x Q_y - \partial_y Q_x) - \partial_z (\partial_z Q_x - \partial_x Q_z)$$
$$= \partial_x (\partial_y Q_y + \partial_z Q_z) - (\partial_y^2 + \partial_z^2) Q_x$$
$$= -\nabla^2 Q_x + \partial_x (\nabla \cdot \boldsymbol{Q})$$

他の成分も同様に計算できて，式 (5.5) が成り立つことがわかる．

例題 5.1 $\boldsymbol{Q} = (y^2, -x^2, z^2)$ のとき，式 (5.5) が成り立つことを確かめよ．

解 $\nabla \times \boldsymbol{Q} = (0, 0, -2x - 2y)$ より $\nabla \times (\nabla \times \boldsymbol{Q}) = (-2, 2, 0)$ 一方，$-\nabla^2 \boldsymbol{Q} + \nabla (\nabla \cdot \boldsymbol{Q}) = (-2, 2, -2) + (0, 0, 2) = (-2, 2, 0)$. よって，式 (5.5) が成り立つ．

まず，電場 $\boldsymbol{E}$ が従う方程式を導出する．式 (5.3) の回転をとると $\nabla \times (\nabla \times \boldsymbol{E}) = -\frac{\partial}{\partial t} \nabla \times \boldsymbol{B}$. 左辺に公式 (5.5) を適用し，右辺に式 (5.4) を代入すれば $-\nabla^2 \boldsymbol{E} + \nabla (\nabla \cdot \boldsymbol{E}) = -\frac{\partial}{\partial t} \left(\frac{1}{c^2} \frac{\partial \boldsymbol{E}}{\partial t} \right)$. 左辺第 2 項に式 (5.1) を用いて，電場 $\boldsymbol{E}$ が従う 3 次元の波動方程式が得られる．

$$\frac{\partial^2}{\partial t^2} \boldsymbol{E} = c^2 \nabla^2 \boldsymbol{E} \tag{5.6}$$

例題 5.2 磁束密度 $\boldsymbol{B}$ も 3 次元の波動方程式に従うことを示せ．

解 式 (5.4) の回転をとり，公式 (5.5) を用いると $-\nabla^2 \boldsymbol{B} + \nabla (\nabla \cdot \boldsymbol{B}) = \frac{1}{c^2} \frac{\partial}{\partial t} (\nabla \times \boldsymbol{E})$. 左辺の第 2 項に式 (5.2) を，右辺に式 (5.3) を代入して，整理すると

$$\nabla^2 \boldsymbol{B} = \frac{1}{c^2} \frac{\partial^2}{\partial t^2} \boldsymbol{B} \tag{5.7}$$

よって，$\boldsymbol{E}$ と同様に磁束密度 $\boldsymbol{B}$ も 3 次元の波動方程式に従う．

例題 5.3 弾性体中を伝播する縦波や横波は，いずれも 3 次元の波動方程式に従うことを示せ．

解 弾性体の振動の運動方程式 (4.98) において，横波については $\nabla \cdot \boldsymbol{u} = 0$ だから $\partial_t^2 \boldsymbol{u} = a \nabla^2 \boldsymbol{u}$. よって 3 次元の波動方程式をみたす．縦波については，式 (4.98) に $\nabla (\nabla \cdot \boldsymbol{u}) = \nabla^2 \boldsymbol{u} + \nabla \times (\nabla \times \boldsymbol{u})$ を代入し，縦波について成り立つ式 $\nabla \times \boldsymbol{u} = 0$ を適用すると $\partial_t^2 \boldsymbol{u} = (a + b) \nabla^2 \boldsymbol{u}$. ゆえに，縦波も 3 次元の波動方程式をみたす．

5.2 平面波と球面波

3次元の波動方程式の基本的な解として，平面波と球面波がある．これらについて述べよう．

位置ベクトル $\boldsymbol{r}$ と時間 t の関数 $\boldsymbol{f}(\boldsymbol{r},t)$ が，次の3次元の波動方程式に従うとする．

$$\partial_t^2 \boldsymbol{f} = v^2 \nabla^2 \boldsymbol{f} \tag{5.8}$$

この波動方程式の解として，

$$\boldsymbol{f} = \boldsymbol{A}\exp\left(i\left(\boldsymbol{k}\cdot\boldsymbol{r} - \omega_k t\right)\right) \tag{5.9}$$

を考えることができる．この解は**平面波** (plane wave) とよばれる．$\boldsymbol{A}$ は定数ベクトルである．式 (5.9) を式 (5.8) に代入して整理すると

$$\omega_k = vk = v\sqrt{k_x^2 + k_y^2 + k_z^2} \tag{5.10}$$

さて，式 (5.9) が平面波とよばれる理由を説明しよう．位置ベクトル $\boldsymbol{r}$ を $\boldsymbol{k}$ に平行な成分 $\boldsymbol{r}_\parallel$ と垂直な成分 $\boldsymbol{r}_\perp$ に分けて，$\boldsymbol{r} = \boldsymbol{r}_\parallel + \boldsymbol{r}_\perp$．このとき，$\boldsymbol{k}\cdot\boldsymbol{r} = \boldsymbol{k}\cdot\boldsymbol{r}_\parallel + \boldsymbol{k}\cdot\boldsymbol{r}_\perp = \boldsymbol{k}\cdot\boldsymbol{r}_\parallel$ となる．したがって，$\boldsymbol{r}_\perp$ をいくら変化させても，位相はまったく変化しない．すなわち，$\boldsymbol{k}$ に垂直な平面上で位相が同じになる．この性質から，式 (5.9) は平面波とよばれる．

例題 5.4 変数分離法により3次元の波動方程式 (5.8) を解いて，式 (5.9) が解であることを示せ．

解 $\boldsymbol{f}$ の x 成分 f_x のみを考える．$f_x = X(x)Y(y)Z(z)T(t)$ とおいて，式 (5.8) に代入して，両辺を $XYZT$ でわると

$$\frac{T''}{T} = v^2\left(\frac{X''}{X} + \frac{Y''}{Y} + \frac{Z''}{Z}\right) \tag{5.11}$$

左辺は t のみの関数であり，右辺は t を含まないから，ω を定数として

$$\frac{T''}{T} = v^2\left(\frac{X''}{X} + \frac{Y''}{Y} + \frac{Z''}{Z}\right) = -\omega^2 \tag{5.12}$$

とおける．括弧内の各項はそれぞれ x, y, z のみの関数だから，k_x, k_y, k_z を定数として

5.2 平面波と球面波

$$\frac{X''}{X} = -k_x^2, \qquad \frac{Y''}{Y} = -k_y^2, \qquad \frac{Z''}{Z} = -k_z^2 \tag{5.13}$$

とおける．ただし，

$$\omega^2 = v^2 \left(k_x^2 + k_y^2 + k_z^2\right) \tag{5.14}$$

である．微分方程式 (5.12) および (5.13) を解くと

$$T = T_0 \exp\left(-i\omega t\right), \qquad X = X_0 \exp\left(ik_x x\right)$$
$$Y = Y_0 \exp\left(ik_y y\right), \qquad Z = Z_0 \exp\left(ik_z z\right)$$

T_0, X_0, Y_0, Z_0 は定数である．以上より，$A_x = T_0 X_0 Y_0 Z_0$ として

$$f_x = A_x \exp\left(i\left(\boldsymbol{k}\cdot\boldsymbol{r} - \omega_k t\right)\right) \tag{5.15}$$

となる．f_y, f_z も同様である．ゆえに式 (5.9) が得られる．

平面波解を用いると，以下のように電磁波が横波であることがわかる．3次元の波動方程式 (5.6) の平面波解を

$$\boldsymbol{E} = \boldsymbol{E}_0 \exp\left(i\left(\boldsymbol{k}\cdot\boldsymbol{r} - ckt\right)\right) \tag{5.16}$$

とおく．$\boldsymbol{E}_0$ は定数ベクトルである．式 (5.1) に代入すると，$\boldsymbol{k}\cdot\boldsymbol{E} = 0$ であることがわかる．$\boldsymbol{k}$ は，波の進行方向に平行なベクトルだから，$\boldsymbol{E}$ は，波の進行方向に垂直ということになる．同様に，$\boldsymbol{B}$ の平面波解を考えると，式 (5.2) より，$\boldsymbol{k}\cdot\boldsymbol{B} = 0$ が得られ，$\boldsymbol{B}$ も波の進行方向に垂直であることがわかる．ゆえに，電磁波は横波である．

次に球面波について説明しよう．球対称な波を考察するために，極座標 $x = r\sin\theta\cos\phi, y = r\sin\theta\sin\phi, z = r\cos\theta$ を導入する．一般に，$\boldsymbol{f}$ は r, θ, ϕ, t の関数だが，θ, ϕ に依存しない波を考えよう．このとき，$\boldsymbol{f} = \boldsymbol{f}(r, t)$ と書ける．$\boldsymbol{f}$ へのラプラシアンの作用を計算するために，準備として r の x についての偏微分を考えると，$\frac{\partial}{\partial x}r = \frac{\partial}{\partial x}\left(x^2 + y^2 + z^2\right)^{1/2} = \frac{x}{r}$．この式を用いると，

$$\frac{\partial^2}{\partial x^2}\boldsymbol{f} = \frac{\partial}{\partial x}\left(\frac{x}{r}\frac{\partial}{\partial r}\boldsymbol{f}\right) = \frac{1}{r}\frac{\partial}{\partial r}\boldsymbol{f} + \frac{x^2}{r}\frac{\partial}{\partial r}\left(\frac{1}{r}\frac{\partial}{\partial r}\boldsymbol{f}\right)$$
$$= \frac{x^2}{r^2}\frac{\partial^2 \boldsymbol{f}}{\partial r^2} + \left(\frac{1}{r} - \frac{x^2}{r^3}\right)\frac{\partial \boldsymbol{f}}{\partial r}$$

y や z での偏微分も同様に計算して，

$$\nabla^2 \boldsymbol{f} = \left(\frac{\partial^2}{\partial x^2} + \frac{\partial^2}{\partial y^2} + \frac{\partial^2}{\partial z^2}\right)\boldsymbol{f} = \frac{\partial^2 \boldsymbol{f}}{\partial r^2} + \frac{2}{r}\frac{\partial \boldsymbol{f}}{\partial r} \tag{5.17}$$

ここで，$x^2 + y^2 + z^2 = r^2$ であることを用いた．したがって，式 (5.8) より $\frac{\partial^2}{\partial t^2}\boldsymbol{f} = v^2\left(\frac{\partial^2}{\partial r^2}\boldsymbol{f} + \frac{2}{r}\frac{\partial}{\partial r}\boldsymbol{f}\right)$．ここで $\frac{\partial^2}{\partial r^2}\boldsymbol{f} + \frac{2}{r}\frac{\partial}{\partial r}\boldsymbol{f} = \frac{1}{r}\frac{\partial^2}{\partial r^2}(r\boldsymbol{f})$ と書けることから

$$\partial_t^2 (r\boldsymbol{f}) = v^2 \partial_r^2 (r\boldsymbol{f}) \tag{5.18}$$

この方程式は 1 次元の波動方程式だから，解は

$$\boldsymbol{f} = \frac{\boldsymbol{A}}{r} \exp\left(ik\left(r \pm vt\right)\right) \tag{5.19}$$

と書ける．$\boldsymbol{A}$ は定数ベクトルである．

式 (5.19) は，球面波とよばれる．原点を中心とする半径 r の球面を考えると，この球面上のすべての点で位相が同じになる．この性質から式 (5.19) を球面波とよぶ．

例題 5.5 式 (5.18) からわかるように，$\boldsymbol{f}$ に r をかけた $r\boldsymbol{f}$ を考えると，波動方程式が簡略化される．この物理的な理由を述べよ．

解 原点からの距離が r の点での波の振幅を $\boldsymbol{f}$ とすると，波のエネルギーは振幅の 2 乗 $\boldsymbol{f}^2$ に比例する．半径 r の球面全体でのエネルギーを考えると，波のエネルギーは $4\pi r^2 \boldsymbol{f}^2$ に比例する．真空中では，電磁波は減衰することなく，無限遠にまで到達する．したがって，半径 r の球面上での波のエネルギー $4\pi r^2 \boldsymbol{f}^2$ は，振動成分を除くと r によらず一定値となる．このため，$r\boldsymbol{f}$ という量については波動方程式が簡略化される．

5.3 波束とフーリエ変換

図 5.1 に示したような空間的に局在した波，波束 (wave packet) が伝播する場合を考えよう．

この波束を波の集まりとして表現できるだろうか．付録 A.10 に示したように，周期関数は波の集まりであるフーリエ級数で表すことができる．周期 L の関数 $f(x)$ をフーリエ級数で表すと式 (A.60) であり，係数 c_n は式 (A.61) で与

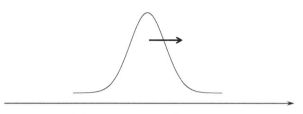

図 5.1　波束の運動．矢印は波束の運動方向を表す．

えられる．

　フーリエ級数は，関数を周期 L の波の集まりとして表現している．それでは，周期的でない関数を波の集まりとして表現することは可能であろうか．

　実は，周期的でない関数であっても波の集まりとして表現できる．フーリエ級数の式 (A.60), (A.61) において，$L \to \infty$ の極限をとればよい．周期が無限の周期関数とみなすのである．

　まず，フーリエ級数の式 (A.60), (A.61) を次のように書こう．

$$f(x) = \frac{1}{L} \sum_{n=-\infty}^{\infty} (Lc_n) e^{\frac{2\pi i}{L} nx} \tag{5.20}$$

$$Lc_n = \int_{-L/2}^{L/2} dx e^{-\frac{2\pi i}{L} nx} f(x) \tag{5.21}$$

ここで $\Delta k = 2\pi/L$ とおいて，$L \to \infty$ の極限をとる．式 (5.20) より

$$f(x) = \frac{1}{2\pi} \lim_{L \to \infty} \left[\Delta k \sum_{n=-\infty}^{\infty} (Lc_n) e^{in\Delta k x} \right] = \int_{-\infty}^{\infty} \frac{dk}{2\pi} e^{ikx} F(k) \tag{5.22}$$

$F(k)$ は次式で与えられる．

$$F(k) = \lim_{L \to \infty} Lc_n = \int_{-\infty}^{\infty} dx e^{-ikx} f(x) \tag{5.23}$$

2 番目の等号では式 (5.21) を用いた．

　式 (5.23) を関数 $f(x)$ の**フーリエ変換** (Fourier transform) とよぶ．式 (5.22) は関数 $f(x)$ を波である $\exp(ikx)$ の重ね合わせとして表現している．それぞれの波をどういう配合で重ね合わせるかを決めているのが $F(k)$ である．

　極限をとる際，Lc_n という形で極限をとっている．この点についてコメントしておこう．式 (5.21) において，$e^{-\frac{2\pi i}{L} nx}$ の因子は x の関数として変化するが，

絶対値がつねに 1 である．よって，

$$|Lc_n| = \left| \int_{-L/2}^{L/2} dx e^{-\frac{2\pi i}{L}nx} f(x) \right| \leq \int_{-L/2}^{L/2} dx |f(x)| \tag{5.24}$$

したがって，Lc_n が $L \to \infty$ で有限であるためには右辺が $O(1)$ 以下でなければならない．$x \to \infty$ で $f(x) \propto 1/x^\alpha$ と仮定すると

$$\int_{-L/2}^{L/2} dx |f(x)| \propto L^{1-\alpha} \tag{5.25}$$

よって，$\alpha > 1$ であればよい．つまり，$x \to \infty$ で $f(x)$ が $1/x$ よりも速やかに減衰するような関数であればよいことになる [*1)]．

以上をまとめると，フーリエ変換の公式は

$$F(k) = \int_{-\infty}^{\infty} dx e^{-ikx} f(x) \tag{5.30}$$

である．逆に $F(k)$ から $f(x)$ を与える**逆フーリエ変換** (inverse Fourier transform) の公式は

$$f(x) = \int_{-\infty}^{\infty} \frac{dk}{2\pi} e^{ikx} F(k) \tag{5.31}$$

である [*2)]．

[*1)] 式 (5.22) の表式は次のように理解してもよい．フーリエ級数の式 (A.60) と (A.61) より

$$f(x) = \frac{\Delta k}{2\pi} \sum_{n=-\infty}^{\infty} e^{\frac{2\pi i}{L}nx} \int_{-L/2}^{L/2} dx' e^{-\frac{2\pi i}{L}nx'} f(x') \tag{5.26}$$

$L \to \infty$ の極限をとると

$$f(x) = \int_{-\infty}^{\infty} \frac{dk}{2\pi} e^{ikx} \int_{-\infty}^{\infty} dx' e^{-ikx'} f(x') \tag{5.27}$$

右辺の x' についての積分は $F(k)$ である．すなわち，式 (5.22) が得られる．
また，この式は以下のように変形すると，恒等式であることがわかる．積分の順序を入れ替えると

$$f(x) = \int_{-\infty}^{\infty} dx' f(x') \int_{-\infty}^{\infty} \frac{dk}{2\pi} e^{ik(x-x')} \tag{5.28}$$

k についての積分は式 (A.19) よりディラックのデルタ関数になる．ゆえに，式 (5.28) より

$$f(x) = \int_{-\infty}^{\infty} dx' f(x') \delta(x-x') \tag{5.29}$$

[*2)] 式 (5.31) の表式には 2π があるが，式 (5.30) の表式にはない．これは $F(k)$ の定義に依存する．$F(k)/\sqrt{2\pi}$ を改めて $F(k)$ と定義すると

例題 5.6 次の関数 $f(x)$ のフーリエ変換を求めよ．ただし $a > 0$ とする．

$$f(x) = \begin{cases} 1 & (|x| < a) \\ 0 & (|x| > a) \end{cases} \tag{5.34}$$

解 式 (5.30) より

$$F(k) = \int_{-\infty}^{\infty} dx e^{-ikx} f(x) = \int_{-a}^{a} dx e^{-ikx} = \frac{2\sin(ka)}{k} \tag{5.35}$$

$F(k)$ を図示したのが図 5.2 である．関数 $f(x)$ が値 1 をとっている x の区間の幅は $2a$ だが，関数 $F(k)$ の広がりは $1/a$ に比例している点に注意しよう．

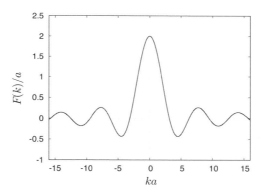

図 5.2 関数 (5.34) のフーリエ変換 (5.35)

例題 5.7 $a > 0$ として $f(x) = \exp(-|x|/a)$ のフーリエ変換を求めよ．

解 式 (5.30) より

$$F(k) = \int_{0}^{\infty} dx e^{\left(-\frac{1}{a}-ik\right)x} + \int_{-\infty}^{0} dx e^{\left(\frac{1}{a}-ik\right)x} = \frac{2/a}{k^2 + (1/a)^2} \tag{5.36}$$

$F(k)$ は幅が $1/a$ のローレンツ関数となる．

$$F(k) = \int_{-\infty}^{\infty} \frac{dx}{\sqrt{2\pi}} e^{-ikx} f(x) \tag{5.32}$$

$$f(x) = \int_{-\infty}^{\infty} \frac{dk}{\sqrt{2\pi}} e^{ikx} F(k) \tag{5.33}$$

となって，2π について対称的な式で書くことができる．

5.4　1次元波動方程式の解

1次元の波動方程式
$$\partial_t^2 f(x,t) = v^2 \partial_x^2 f(x,t) \tag{5.37}$$
によって記述される波束の解をフーリエ変換により求めてみよう．
$$f(x,t) = \int_{-\infty}^{\infty} \frac{dk}{2\pi} e^{ikx} F(k,t) \tag{5.38}$$
とおいて波動方程式 (5.37) に代入すると
$$\int_{-\infty}^{\infty} \frac{dk}{2\pi} e^{ikx} \partial_t^2 F(k,t) = \int_{-\infty}^{\infty} \frac{dk}{2\pi} e^{ikx} \left(-v^2 k^2\right) F(k,t) \tag{5.39}$$
両辺の被積分関数が等しいとして
$$\partial_t^2 F(k,t) = -v^2 k^2 F(k,t) \tag{5.40}$$
この微分方程式を解くと $F(k,t) = A(k) e^{ikvt} + B(k) e^{-ikvt}$．$A(k), B(k)$ は k のみに依存する関数である．よって，式 (5.38) より
$$f(x,t) = \int_{-\infty}^{\infty} \frac{dk}{2\pi} e^{ikx} \left[A(k) e^{ikvt} + B(k) e^{-ikvt} \right] \tag{5.41}$$
ここで $A(k) = 0, B(k) = \exp(-a|k|)$ $(a > 0)$ とおくと
$$\begin{aligned} f(x,t) &= \int_{-\infty}^{\infty} \frac{dk}{2\pi} \exp(-a|k|) e^{ik(x-vt)} \\ &= \int_{0}^{\infty} \frac{dk}{2\pi} e^{[-a+i(x-vt)]k} + \int_{-\infty}^{0} \frac{dk}{2\pi} e^{[a+i(x-vt)]k} \\ &= \frac{2a}{(x-vt)^2 + a^2} \end{aligned}$$
この関数は $x - vt = 0$ にピークをもつローレンツ関数である．ピークの位置は $x = vt$ で表されるから，$f(x,t)$ は速度 v で x 軸の正の方向に伝播する波束を表す（図 5.3 参照）．

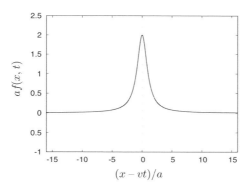

図 5.3　1 次元波動方程式の波束の解

5.5　伝播する波束と群速度，位相速度

伝播する波束の速度について考えよう．波動方程式には速さを表すパラメータ v が現れるが，伝播する波束の速度は v で決まるであろうか．

波束 $f(x,t)$ を x についてフーリエ変換して

$$f(x,t) = \int_{-\infty}^{\infty} \frac{dk}{2\pi} e^{ikx} F(k,t) \tag{5.42}$$

と書く．波束が従う運動方程式があったとして，その運動方程式から

$$\frac{\partial^2}{\partial t^2} F(k,t) = -\omega_k^2 F(k,t) \tag{5.43}$$

が得られたとする．波動方程式 (5.37) の場合には $\omega_k = vk$ である．ここでは $\omega_k \neq vk$ の場合も含めて考える．

微分方程式 (5.43) を解くと，$A(k)$ を k の関数として，$F(k,t) = A(k) e^{-i\omega_k t}$ と書ける．よって

$$f(x,t) = \int_{-\infty}^{\infty} \frac{dk}{2\pi} e^{i(kx-\omega_k t)} A(k) \tag{5.44}$$

右辺の積分は，波 $\exp(ik(x - \omega_k/k t))$ を重み $A(k)$ で足し合わせたものである．個々の波は位相速度 (phase velocity) ω_k/k で伝播する．

波束として $A(k)$ が，$A(k) = \exp(-a^2(k-k_0)^2)$ である場合を考えよう．

$k = k_0 + \delta k$ とおいて代入し δk について展開すると

$$f(x,t) = \int_{-\infty}^{\infty} \frac{d(\delta k)}{2\pi} \exp\left(i\left(k_0 x + \delta k x - \omega_{k_0+\delta k}t\right)\right) \exp\left(-a^2(\delta k)^2\right)$$

$$= \int_{-\infty}^{\infty} \frac{d(\delta k)}{2\pi} \exp\left(i\left[k_0 x + \delta k x - \left(\omega_{k_0} + \left.\frac{d\omega_k}{dk}\right|_{k=k_0} \delta k + \cdots\right)t\right]\right)$$
$$\times \exp\left(-a^2(\delta k)^2\right)$$

$$\simeq \exp\left(i(k_0 x - \omega_{k_0}t)\right) \int_{-\infty}^{\infty} \frac{d(\delta k)}{2\pi} \exp\left(i\delta k(x - v_g t)\right) \exp\left(-a^2(\delta k)^2\right)$$

ただし,

$$v_g = \left.\frac{d\omega_k}{dk}\right|_{k=k_0} \tag{5.45}$$

とおいた.公式 *3)

$$\int_{-\infty}^{\infty} dx\, e^{-a^2 x^2 + ibx} = \int_{-\infty}^{\infty} dx\, e^{-a^2\left(x - \frac{ib}{2a^2}\right) - \frac{b^2}{4a^2}} = \sqrt{\frac{\pi}{a}} e^{-\frac{b^2}{4a^2}} \tag{5.46}$$

を用いると,

$$f(x,t) \simeq \frac{e^{i(k_0 x - \omega_{k_0}t)}}{\sqrt{4\pi a}} e^{-\frac{1}{4a^2}(x - v_g t)^2} \tag{5.47}$$

したがって,波束は速度 v_g で伝播する.v_g を**群速度** (group velocity) とよぶ.

v_g の定義式 (5.45) からわかるように,$\omega_k = vk$ のときには $v_g = v$ となる.このとき,群速度は位相速度 v に一致する.$\omega_k \neq vk$ のときは,群速度と位相速度は異なる.

例題 5.8 もし光子に有限の質量があったとすると,電場 $\boldsymbol{E}$ は式 (5.6) の 3 次元の波動方程式ではなく,

$$\frac{\partial^2}{\partial t^2}\boldsymbol{E'} = c^2 \nabla^2 \boldsymbol{E'} - M^2 \boldsymbol{E'} \tag{5.48}$$

に従う.ただし,$M \neq 0$ の場合の電場を $\boldsymbol{E'}$ と表した.この式における分散関係を求めよ.また,群速度を求めよ.

解 $\boldsymbol{E'} = \boldsymbol{A}\exp(i\boldsymbol{k}\cdot\boldsymbol{r} - i\omega_k t)$ とおいて式 (5.48) に代入し,両辺を $\boldsymbol{E'}$ でわって整理すると $\omega_k^2 = c^2 k^2 + M^2$.よって分散関係は $\omega_k = \sqrt{c^2 k^2 + M^2}$.また,群速度は次式で与えられる.

---

*3) この公式の正確な証明には,複素積分が必要である.

$$\nabla \omega_k = \frac{c^2 \boldsymbol{k}}{\sqrt{c^2 k^2 + M^2}} \tag{5.49}$$

5.6 波の反射

波動方程式 $\partial_t^2 f = v^2 \partial_x^2 f$ に従う波束 $f(x,t)$ の伝播を考え，固定端や自由端での反射を考える．波束は x 軸の正の方向へ伝播しているとすれば，入射波 $f_i(x,t)$ は $f_i(x,t) = F(x-vt)$ と書ける．関数 $F(\xi)$ は与えらていると仮定する．

まず，固定端の場合を考えよう．x 軸の負の領域から x 軸の正の方向へ波束が伝播する．$x=0$ に固定端があるとき，$f(x,t)$ がみたす境界条件は

$$f(0,t) = 0 \tag{5.50}$$

固定端での反射波は，x 軸の負の方向へ伝播するから

$$f_r(x,t) = G(x+vt) \tag{5.51}$$

とおける．関数 $G(\xi)$ は未定の関数である．

入射波と反射波が存在するから

$$f(x,t) = f_i(x,t) + f_r(x,t) = F(x-vt) + G(x+vt) \tag{5.52}$$

固定端の条件 (5.50) より $F(-vt) + G(vt) = 0$．$vt = \xi$ とおくと $G(\xi) = -F(-\xi)$．こうして $G(\xi)$ が $F(\xi)$ を用いて表せた．ゆえに反射波は

$$G(x+vt) = -F(-(x+vt)) \tag{5.53}$$

と書ける．F の前の負号により，波の山が谷となり谷が山となる．つまり位相が π だけずれる．

次に，自由端の場合を考えよう．$x=0$ に自由端があるとき，境界条件は

$$f_x(0,t) = 0 \tag{5.54}$$

固定端の場合と同様に，反射波を式 (5.51) とする．式 (5.52) を x で偏微分し

て $x=0$ とおくと式 (5.54) より $F'(-vt) + G'(vt) = 0$. $vt = \xi$ とおくと $G'(\xi) = -F'(-\xi)$. ξ で積分すると $G(\xi) = F(-\xi)$. ここで積分定数はゼロである. 入射波が存在しないとき ($F=0$ のとき), $G=0$ となるからである. ゆえに

$$G(x+vt) = F(-(x+vt)) \tag{5.55}$$

固定端での反射と異なり, 位相のずれはない.

5.7 2種類の媒質の境界での反射と透過

異なる媒質が接しているとき, その境界での波の反射と透過を調べよう.

図 5.4 に示したように, 2 つの媒質の境界での反射と透過を考える. 波束 $u(x,t)$ が従う波動方程式を $\partial_t^2 u(x,t) = v^2 \partial_x^2(x,t)$ とし, 媒質としては弾性体を考え, 媒質 $\alpha = 1, 2$ の密度を ρ_α, 速度のパラメータを v_α, ヤング率を Y_α とする. $x<0$ の領域が媒質 1 で $x>0$ の領域が媒質 2 とする. 媒質 α での $u(x,t)$ を $u_\alpha(x,t)$ と書くと, 境界 $x=0$ での条件は, 変位が境界で等しくなる条件

$$u_1(0,t) = u_2(0,t) \tag{5.56}$$

および応力が等しい条件

$$Y_1 \frac{\partial}{\partial x} u_1(x,t) \bigg|_{x=0} = Y_2 \frac{\partial}{\partial x} u_2(x,t) \bigg|_{x=0} \tag{5.57}$$

である.

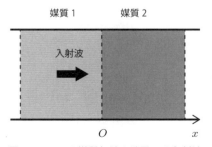

図 5.4　2 つの媒質とその境界への入射波

媒質 1 において x 軸の正の方向へ向かって伝播する波束を $f(x - v_1 t)$,反射波を $g(x + v_1 t)$,媒質 2 への透過波を $h(x - v_2 t)$ とおくと,$u_1(x, t) = f(x - v_1 t) + g(x + v_1 t)$. また,$u_2(x, t) = h(x - v_2 t)$. $x = 0$ での境界条件 (5.56) と (5.57) より

$$f(-v_1 t) + g(v_1 t) = h(-v_2 t) \tag{5.58}$$

$$Y_1 \left[f'(-v_1 t) + g'(v_1 t) \right] = Y_2 h'(-v_2 t) \tag{5.59}$$

第 2 式を t で積分して $\frac{Y_1}{v_1} \left[-f(-v_1 t) + g(v_1 t) \right] = -\frac{Y_2}{v_2} h(-v_2 t)$. 入射波が存在しない場合を考えると,積分定数がゼロであることがわかる.$Y_\alpha / v_\alpha = \rho_\alpha v_\alpha \equiv Z_\alpha$ とおくと $Z_1 \left[-f(-v_1 t) + g(v_1 t) \right] = -Z_2 h(-v_2 t)$. この式と式 (5.58) より $h(-v_2 t)$ を消去すると $Z_1 \left[-f(-v_1 t) + g(v_1 t) \right] = -Z_2 \left[f(-v_1 t) + g(v_1 t) \right]$. g について解いて

$$g(v_1 t) = \frac{Z_1 - Z_2}{Z_1 + Z_2} f(-v_1 t) \tag{5.60}$$

この式と式 (5.58) より

$$h(-v_2 t) = f(-v_1 t) + \frac{Z_1 - Z_2}{Z_1 + Z_2} f(-v_1 t) = \frac{2Z_1}{Z_1 + Z_2} f(-v_1 t) \tag{5.61}$$

$\xi = -v_2 t$ とおくと

$$h(\xi) = \frac{2Z_1}{Z_1 + Z_2} f\left(\frac{v_1}{v_2} \xi \right) \tag{5.62}$$

したがって,反射波と透過波はそれぞれ

$$g(x + v_1 t) = \frac{Z_1 - Z_2}{Z_1 + Z_2} f(-(x + v_1 t)) \tag{5.63}$$

$$h(x - v_2 t) = \frac{2Z_1}{Z_1 + Z_2} f\left(\frac{v_1}{v_2} (x - v_2 t) \right) \tag{5.64}$$

この結果より,$Z_1 > Z_2$ のとき,g と f は同位相だから,自由端反射と同様である.逆に,$Z_1 < Z_2$ のとき,g と f は逆位相だから,固定端反射と同様である.

Z_1 や Z_2 は,インピーダンス (impedance) とよばれ,媒質の硬さを表している.$Z_1 > Z_2$ のときは硬い媒質からやわらかい媒質へ波が入射するので自由端反射と同様になる.逆に $Z_1 < Z_2$ のときは,やわらかい媒質から硬い媒質へ波が入射するので,固定端反射と同様になる.

演習問題

演習問題 5.1 電磁波の平面波解
$$E = E_0 \exp(i(k \cdot r - ckt)), \quad B = B_0 \exp(i(k \cdot r - ckt))$$
を用いて，3 つのベクトル k, E, B が互いに直交していることを示せ．

演習問題 5.2 1 次元の波動方程式 $\partial_t^2 f(x,t) = v^2 \partial_x^2 f(x,t)$ において，$x - vt = \xi, x + vt = \eta$ とおく．
1) ∂_t および ∂_x を ∂_ξ と ∂_η を用いて表せ．
2) 1 次元の波動方程式が，$\partial_\xi \partial_\eta f = 0$ と書き換えられることを示し，解が ξ と η の任意の関数 f_1 と f_2 を用いて $f(x,t) = f_1(x-vt) + f_2(x+vt)$ と書けることを示せ．この解をダランベールの解 (d'Alembert solution) とよぶ．

演習問題 5.3 $-L \leq x \leq L$ で $f(x) = \cos(\lambda x)$，それ以外で $f(x) = 0$ である関数のフーリエ変換を求めよ．

演習問題 5.4 三角形のパルスが x 軸の正の方向に伝搬する．$t = 0$ におけるパルスが図 5.5 に示されている．逆フーリエ変換を用いて，式 (5.41) の $A(k), B(k)$ を決定せよ．

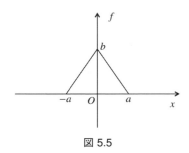

図 5.5

演習問題 5.5 弦の振動を考え，座標 x，時間 t における変位を $f(x,t)$ で表す．弦の両端から十分離れた場所において，a, b を定数として $f(x,0) = b/(x^2 + a^2)$ で表される変位を与えて静かに離す．
1) 式 (5.41) を用いて $f(x,t)$ を求めよ．
2) ダランベールの解を用いて $f(x,t)$ を求めよ．

6 波の屈折と干渉

雨上がりの空に虹が現れるのは,光が空気中に漂う水滴によって屈折および反射されるからである.結晶の構造は,X 線が周期的に並ぶ原子によって散乱され,干渉する効果により調べることができる.この章では,波が示すこのような屈折と干渉について述べる.

6.1 物質中の電磁波と偏光

5.1 節で導出したように,真空中の電磁波は 3 次元の波動方程式 $\partial_t^2 \boldsymbol{E} = c_0^2 \nabla^2 \boldsymbol{E}, \partial_t^2 \boldsymbol{B} = c_0^2 \nabla^2 \boldsymbol{B}$ に従う.ここで真空中での光速を $c_0 = 1/\sqrt{\varepsilon_0 \mu_0}$ とおいた [*1]. $\varepsilon_0 = 8.854 \times 10^{-12}$ F·m^{-1} は真空の誘電率,$\mu_0 = 4\pi \times 10^{-7}$ N·A^{-2} は真空の透磁率である.

例題 6.1　ε_0 と μ_0 の値から,$1/\sqrt{\varepsilon_0 \mu_0}$ を計算せよ.

解　$\varepsilon_0 \mu_0 = 8.854 \times 4\pi \times 10^{-19} \times$ F·m^{-1}·N·A^{-2} = $1.113 \times 10^{-17} \times \frac{A^2 s^2}{N \cdot m} \cdot$ m^{-1}·N·A^{-2} = $1.113 \times 10^{-17} \times$ m^{-2}·s^2.よって,$\frac{1}{\sqrt{\varepsilon_0 \mu_0}} = 2.998 \times 10^8$ m/s.

電磁波が物質中を伝播するとき,物質中の電子やイオンと相互作用する.例えば金属の場合,主に金属中の自由電子と電磁波が相互作用する.電磁波の電場によって自由電子が振動するため,電磁波はエネルギーを失う.そのため,電磁波は金属中を伝播することができず,反射されることになる.金や銀などの金属が光を反射するのはこのためである.

一方,絶縁体の場合,イオンに束縛された電子を調和振動子のポテンシャル中の荷電粒子として扱えば,2.3 節で考えた強制振動の状況になる.電磁波の

[*1]　この表式より,光速が電磁気学に現れる物理定数のみによって決まることがわかる.音速の式 (4.119) と大きく異なる点である.光速のこの性質から,アインシュタインは特殊相対性理論の着想を得たと言われている.

電場が，周期的に時間変化する外場を生じさせる．そのため，電磁波に対する応答は共鳴と関係したものになる．電磁波と物質の相互作用，およびその結果生じる物性は実に多彩であり，とてもこの教科書で記述できるものではない．ここでは物質中の電磁波について，基礎的な事項に限って説明する．

さて，物質中を伝播する電磁波はどのように記述されるであろうか．物質中のマクスウェル方程式は，電束密度ベクトルを D, 磁場を H, 電流密度を j, 電荷密度を ρ として，次の4つの式で与えられる．

$$\nabla \times \boldsymbol{E} = -\frac{\partial \boldsymbol{B}}{\partial t} \tag{6.1}$$

$$\nabla \times \boldsymbol{H} = \boldsymbol{j} + \frac{\partial \boldsymbol{D}}{\partial t} \tag{6.2}$$

$$\nabla \cdot \boldsymbol{D} = \rho \tag{6.3}$$

$$\nabla \cdot \boldsymbol{B} = 0 \tag{6.4}$$

物質に電場をかけたとき，電気分極が現れ，その電気分極がかけた電場に比例する物質を**常誘電体** (paraelectrics) とよぶ [*2]．また，物質に磁場をかけたとき，磁化を生じ，その磁化がかけた磁場に比例する物質を**常磁性体** (paramagnet) とよぶ [*3]．常誘電体と常磁性体の性質を仮定すれば，

$$\boldsymbol{D} = \varepsilon \boldsymbol{E} \tag{6.5}$$

$$\boldsymbol{B} = \mu \boldsymbol{H} \tag{6.6}$$

と書ける．

章末の演習問題 6.1 に示すように，誘電率 ε, 透磁率 μ の物質中を伝播する電磁波の速さは $c = 1/\sqrt{\varepsilon\mu}$ となる．電磁波の方程式は

$$\partial_t^2 \boldsymbol{E} = c^2 \nabla^2 \boldsymbol{E} \tag{6.7}$$

[*2] 金属に電場をかけると，電流が流れる．これに対し，誘電体では電流が流れず，正の電荷と負の電荷の分布に違いが生じる．誘電体はコンデンサの電極間に挿入する材料や光ファイバーなどの光学材料として用いられる．例えば，チタン酸ストロンチウム ($SrTiO_3$) は常誘電体である．

[*3] 固体中の電子は，自転に関係した磁気モーメントをもっている．それらが互いに相殺していない系は磁性体として振る舞う．遷移金属元素では，原子軌道のうち 3d 軌道の電子による磁気モーメントが存在する．鉄のように，磁気モーメント間の相互作用が強い場合には，**強磁性体** (ferromagnet) となる．原子核も磁気モーメントをもつ場合があり，相互作用は弱く無視できる．原子核の磁気モーメントを利用した医療診断技術が MRI である．

6.1 物質中の電磁波と偏光

$$\partial_t^2 \boldsymbol{B} = c^2 \nabla^2 \boldsymbol{B} \tag{6.8}$$

z 軸の正の方向に伝播する電磁波の平面波を考えると,

$$\boldsymbol{E} = \boldsymbol{E}_0 e^{i(k(z-ct))} \tag{6.9}$$

$\boldsymbol{E}_0$ は定数ベクトルである. 5.2 節で示したように電磁波は横波だから, $\boldsymbol{E}_0$ の z 成分はゼロである.

さて,光は電磁波だがその特徴である偏光について述べよう.電場の x, y 成分は $E_x = E_{0x} e^{i(kz-\omega_k t)}$, $E_y = E_{0y} e^{i(kz-\omega_k t)}$ とおける.ここで E_{0x}, E_{0y} は一般に複素数である.そこで,$E_{x,y}^{(0)}, \phi_{x,y}$ を実数として $E_{0x} = E_x^{(0)} e^{i\phi_x}, E_{0y} = E_y^{(0)} e^{i\phi_y}$ とおくと

$$E_x = E_x^{(0)} e^{i(kz - \omega_k t + \phi_x)} \tag{6.10}$$

$$E_y = E_y^{(0)} e^{i(kz - \omega_k t + \phi_y)} \tag{6.11}$$

位相 ϕ_x と ϕ_y の関係によって,電場の振動の様子が変わる.とくに次の2つの場合が重要である.

1) $\phi_x = \phi_y$ のとき

$$\frac{E_x}{E_x^{(0)}} = \frac{E_y}{E_y^{(0)}} = e^{i(kz - \omega_k t + \phi_x)} \tag{6.12}$$

よって,つねに $\boldsymbol{E}$ はベクトル $\boldsymbol{E}^{(0)}$ に平行である.この場合を**直線偏光** (linear polarization) とよぶ [*4].

2) $\phi_y = \phi_x - \frac{\pi}{2}$ のとき

$$E_x = E_x^{(0)} e^{i(kz - \omega_k t + \phi_x)} \tag{6.13}$$

$$E_y = E_y^{(0)} e^{i(kz - \omega_k t + \phi_x)} e^{-\frac{\pi i}{2}} = -i E_y^{(0)} e^{i(kz - \omega_k t + \phi_x)} \tag{6.14}$$

実部をとって

$$E_x = E_x^{(0)} \cos(kz - \omega_k t + \phi_x) \tag{6.15}$$

$$E_y = E_y^{(0)} \sin(kz - \omega_k t + \phi_x) \tag{6.16}$$

したがって電場 $\boldsymbol{E}$ の方向が t あるいは z に依存して z 軸周りに回転する.とくに $E_x^{(0)} = E_y^{(0)}$ の場合を**円偏光** (circular polarization), $E_x^{(0)} \neq E_y^{(0)}$ の場合を楕円偏光とよぶ.

[*4] 演習問題 6.4 で示すように,水面で反射した光は直線偏光とみなせる.

6.2 電磁波の反射と屈折

2つの媒質の境界における電磁波の反射と屈折を考えよう．電磁波が異なる媒質の境界を伝播するときには，境界条件を考慮する必要がある．そこで，境界条件を明らかにしよう．

まず，$\bm{D}$ と $\bm{B}$ を考える．図6.1 に示したような媒質1と媒質2にまたがる底面積 ΔS, 高さ Δh の円柱を考え，式 (6.3) をその領域で積分すると，$\int d^3\bm{r}\nabla\cdot\bm{D} = \int d^3\bm{r}\rho$. 左辺にガウスの定理 (A.35) を用いると $\int d\bm{S}\cdot\bm{D} = \int d^3\bm{r}\rho$.

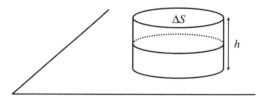

図 6.1　2つの媒質にまたがる高さ h の円柱

媒質1と媒質2の境界面に垂直な $\bm{D}$ の成分を $D_1^\perp, D_2^\perp$ と書くと，この積分は $D_1^\perp \Delta S - D_2^\perp \Delta S + O(\Delta h) = \rho \Delta S \Delta h$. $\Delta h \to 0$ の極限をとり，両辺を ΔS で割ると

$$D_1^\perp = D_2^\perp \tag{6.17}$$

式 (6.4) より同様に

$$B_1^\perp = B_2^\perp \tag{6.18}$$

次に，$\bm{E}$ と $\bm{H}$ を考える．図 6.2 に示したように，媒質1と媒質2にまたがる長方形を考える．式 (6.1) より，$\int_S d\bm{S}\cdot\nabla\times\bm{E} = -\frac{\partial}{\partial t}\int_S d\bm{S}\cdot\bm{B}$. 左辺にストークスの定理 (A.34) を用いて $\int_C d\bm{r}\cdot\bm{E} = -\frac{\partial}{\partial t}\int_S d\bm{S}\cdot\bm{B}$. 境界にそった長方形の辺の長さを Δx, 垂直方向の辺の長さを Δy とすると $-E_1^\parallel \Delta x + E_2^\parallel \Delta x + O(\Delta y) = -\frac{\partial}{\partial t}(B\Delta x\Delta y)$. $\Delta y \to 0$ の極限をとり，両

6.2 電磁波の反射と屈折

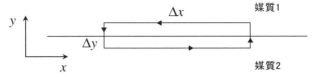

図 6.2 2 つの媒質にまたがる長方形

辺を Δx で割ると

$$E_1^{\parallel} = E_2^{\parallel} \tag{6.19}$$

$\nabla \times \boldsymbol{H} = \boldsymbol{j} + \partial \boldsymbol{D}/\partial t$ より同様にして

$$H_1^{\parallel} = H_2^{\parallel} \tag{6.20}$$

以上より,境界条件をまとめると

$$D_1^{\perp} = D_2^{\perp}, \qquad B_1^{\perp} = B_2^{\perp} \tag{6.21}$$

$$E_1^{\parallel} = E_2^{\parallel}, \qquad H_1^{\parallel} = H_2^{\parallel} \tag{6.22}$$

図 6.3 に示したように 2 つの媒質 1, 2 の境界に入射した光の屈折を考え,次のスネルの法則を導こう.

$$\frac{\sin\theta_1}{\sin\theta_2} = \frac{n_2}{n_1} \tag{6.23}$$

ここで,n_j は真空に対する**屈折率** (index of refraction) であり,絶対屈折率とよばれる.n_j を用いると,媒質 $j=1,2$ 中での光速は $c_j = c_0/n_j$ となる [*5)].

入射波,反射波,透過波の電場をそれぞれ

$$\boldsymbol{E}_1 = \boldsymbol{E}_1^{(0)} \exp\left(i\left(\boldsymbol{k}\cdot\boldsymbol{r} - \omega_k^{(1)} t\right)\right) \tag{6.24}$$

$$\boldsymbol{E}_r = \boldsymbol{E}_r^{(0)} \exp\left(i\left(\boldsymbol{k}_r\cdot\boldsymbol{r} - \omega_{k_r}^{(1)} t\right)\right) \tag{6.25}$$

$$\boldsymbol{E}_2 = \boldsymbol{E}_2^{(0)} \exp\left(i\left(\boldsymbol{k}_2\cdot\boldsymbol{r} - \omega_{k_2}^{(2)} t\right)\right) \tag{6.26}$$

とおく.$\omega_k^{(j)} = c_j k$ である.入射波の $\boldsymbol{k}$ は x-y 平面内にあるとして,$k_z = 0$

[*5)] 媒質 j の誘電率を ε_j,透磁率を μ_j とすると,$c_j = 1/\sqrt{\varepsilon_j \mu_j}$ より,$n_j = c_0/c_j = \sqrt{\varepsilon_j \mu_j}/\sqrt{\varepsilon_0 \mu_0}$ となる.通常の物質では $\mu_j \simeq \mu_0$ だから,$n_j \simeq \sqrt{\varepsilon_j/\varepsilon_0}$ である.近年,メタマテリアルとよばれる負の屈折率をもつ系が盛んに研究されている.可視光全体に対して,負の屈折率が実現できれば透明マントが可能になる.

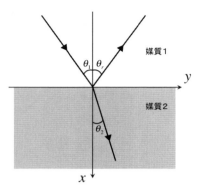

図 6.3　2 つの媒質の境界における入射波，反射波，および透過波．

とする．$x = 0$ での境界条件 (6.22) より

$$\boldsymbol{e}_\alpha \cdot \boldsymbol{E}_1^{(0)} \exp\left(i\left(k_y y - \omega_k^{(1)} t\right)\right) + \boldsymbol{e}_\alpha \cdot \boldsymbol{E}_r^{(0)} \exp\left(i\left(k_{ry} y + k_{rz} z - \omega_{k_r}^{(1)} t\right)\right)$$
$$= \boldsymbol{e}_\alpha \cdot \boldsymbol{E}_2^{(0)} \exp\left(i\left(k_{2y} y + k_{2z} z - \omega_{k_2}^{(2)} t\right)\right)$$

ここで $\alpha = y, z$ であり，$\boldsymbol{e}_\alpha$ は α 軸方向の単位ベクトルである．

この式が任意の y, z, t について成り立つから

$$k_y = k_{ry} = k_{2y} \tag{6.27}$$

$$k_{rz} = k_{2z} = 0 \tag{6.28}$$

$$\omega_k^{(1)} = \omega_{k_r}^{(1)} = \omega_{k_2}^{(2)} \tag{6.29}$$

第 3 式に他の 2 式を用いて

$$c_1 \sqrt{k_x^2 + k_y^2} = c_1 \sqrt{k_{rx}^2 + k_y^2} = c_2 k_2 \tag{6.30}$$

よって

$$k_{rx} = -k_x \tag{6.31}$$

$$k_2 = \frac{c_1}{c_2} k \tag{6.32}$$

式 (6.27) と式 (6.31) より，入射角 θ_1 と反射角 θ_r について $\tan \theta_1 = \left|\frac{k_y}{k_x}\right| = \left|\frac{k_y}{k_{rx}}\right| = \tan \theta_r$．したがって，$\theta_1 = \theta_r$．すなわち入射角と反射角は等しい．

透過波については，式 (6.27) より $k_y = k \sin \theta_1 = k_{2y} = k_2 \sin \theta_2$．よって

$$\frac{\sin\theta_1}{\sin\theta_2} = \frac{k_2}{k} = \frac{c_1}{c_2} = \frac{n_2}{n_1} \tag{6.33}$$

2番目の等号では，式 (6.32) を用いた．また，3番目の等号では $c_j = c_0/n_j$ を代入した．こうして，スネルの法則が示される．

6.3 波の干渉

同じ方向に伝播する 2 つの正弦波 $u_1(x,t) = A\cos(kx - \omega_k t + \phi_1)$, $u_2(x,t) = A\cos(kx - \omega_k t + \phi_2)$ を考える．この 2 つの波の重ね合わせは

$$\begin{aligned} u(x,t) &= u_1(x,t) + u_2(x,t) \\ &= A\cos(kx - \omega_k t + \phi_1) + A\cos(kx - \omega_k t + \phi_2) \\ &= 2A\cos\left(\frac{\phi_1 - \phi_2}{2}\right)\cos\left(kx - \omega_k t + \frac{\phi_1 + \phi_2}{2}\right) \end{aligned}$$

2 つの波の位相がそろっているとき，$\phi_1 = \phi_2$ だから，$u(x,t) = 2A\cos(kx - \omega_k t + \phi_1)$．よって振幅が 2 倍になる．2 つの波の位相が π ずれているとき，すなわち $\phi_1 - \phi_2 = \pi$ のとき，$u(x,t) = 0$ となるから，2 つの波は打ち消しあう．

次に，逆方向に伝播する 2 つの正弦波 $u_1(x,t) = A\cos(kx - \omega_k t + \phi_1)$ と $u_2(x,t) = A\cos(kx + \omega_k t + \phi_2)$ を考えよう．図 6.4 に示したように，これら 2 つの波を合成すると**定在波** (stationary wave) が形成される（図 6.4 では異なる t における波を重ねて表示している）．まったく振動しない部分を節，振幅が最大の部分を腹とよぶ．

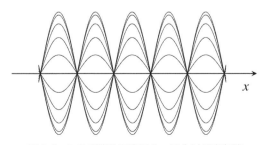

図 6.4 2 つの波の干渉によって生じる定在波

6.4 ヤングの干渉実験

2つのスリットを通り抜けた光が干渉するヤングの干渉実験 (Young's interference experiment) を考えよう．

位相がそろった光が必要となるため，単スリットを通った光を用いる [*6]．スリットが z 軸方向に平行な向きに空いているとする．このとき，単スリットを通り抜けた光（$\bm{E}$ や $\bm{B}$）の振幅を u で表すと，u は z に依存しない．

光の波長を λ，光速を c とする．$\rho = \sqrt{x^2 + y^2}$ とおくと，$\rho \gg \lambda$ のとき，単スリットを通った光は，A を定数として，$u(\bm{r}, t) = Ae^{ik(\rho - ct)}$ と表される．

単スリットを通った光が，さらに2重スリットを通り，スクリーン上でどのように干渉するかを考察する．2重スリットの間隔は d で，2重スリットとスクリーンの距離は L とする．

図 6.5 の径路 1，2 を通った光が進む距離をそれぞれ R_1, R_2 とすると

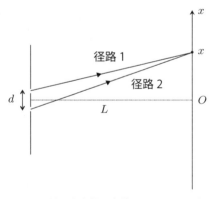

図 6.5　2つのスリットを通った光のスクリーンまでの径路

[*6] レーザー光源を用いる場合には，単スリットは不要である．たとえばレーザーポインターを使うと，干渉効果を簡単に確かめることができる．

$$R_1 = \sqrt{\left(x - \frac{d}{2}\right)^2 + L^2} = L\left[1 + \left(\frac{x}{L} - \frac{d}{2L}\right)^2\right]^{1/2} \simeq L\left[1 + \frac{1}{2}\left(\frac{x}{L} - \frac{d}{2L}\right)^2\right]$$

$$R_2 = \sqrt{\left(x + \frac{d}{2}\right)^2 + L^2} = L\left[1 + \left(\frac{x}{L} + \frac{d}{2L}\right)^2\right]^{1/2} \simeq L\left[1 + \frac{1}{2}\left(\frac{x}{L} + \frac{d}{2L}\right)^2\right]$$

したがって，スクリーン上における 2 つのスリットを通った光の重ね合わせは

$$\begin{aligned} u(x,t) &= Ae^{ik(R_1 - ct)} + Ae^{ik(R_2 - ct)} \\ &\simeq Ae^{-ikct}\left[\exp\left(ikL\left[1 + \frac{1}{2}\left(\frac{x}{L} - \frac{d}{2L}\right)^2\right]\right)\right. \\ &\quad \left. + \exp\left(ikL\left[1 + \frac{1}{2}\left(\frac{x}{L} + \frac{d}{2L}\right)^2\right]\right)\right] \\ &= 2Ae^{-ikct}\exp\left(ikL\left(1 + \frac{x^2}{2L^2} + \frac{d^2}{8L^2}\right)\right)\cos\left(\frac{kxd}{2L}\right) \end{aligned}$$

強度は

$$|u(x,t)|^2 = 4A^2\cos^2\left(\frac{kxd}{2L}\right) = 2A^2\left[1 + \cos\left(\frac{2\pi xd}{\lambda L}\right)\right] \tag{6.34}$$

ただし $k = 2\pi/\lambda$ を用いた．明線が現れる場所は，n を整数として，次式で与えられる．

$$x = x_n = \frac{L\lambda}{d}n \tag{6.35}$$

2 重スリットの中心からの方位角 θ で書くと，$\sin\theta \simeq x/L$ だから

$$d\sin\theta \simeq d\frac{x}{L} = \lambda n \tag{6.36}$$

具体的に，$L = 1$ m，$d = 0.5$ mm，$\lambda = 500$ nm の場合に式 (6.34) を図示すると，図 6.6 のようになる．

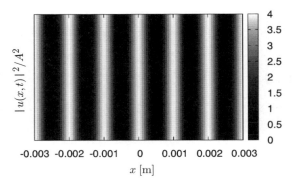

図 6.6　2 つのスリットを通った光によってスクリーン上に現れる干渉パターン

6.5　フラウンホーファー回折

ヤングの干渉実験における 2 重スリットを，図 6.7 に示したように幅 d の隙間が空いている場合に置き換える．

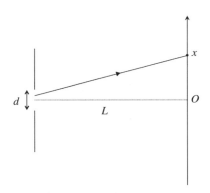

図 6.7　幅 d の隙間を通った光のスクリーンまでの径路

隙間が空いている部分において，中心からの座標を ξ とすると $-d/2 < \xi < d/2$ である．スクリーン上における座標 x の点まで光が進む距離は

$$R = \sqrt{L^2 + (x-\xi)^2} = L\left[1 + \frac{(x-\xi)^2}{L^2}\right]^{1/2} \simeq L\left[1 + \frac{1}{2}\frac{(x-\xi)^2}{L^2}\right] \quad (6.37)$$

6.5 フラウンホーファー回折

スクリーン上での波の振幅は，隙間を通り抜けた光をすべて考慮して

$$u(x,t) = \int_{-d/2}^{d/2} d\xi A e^{ik(R-ct)} = Ae^{-ikct} \int_{-d/2}^{d/2} d\xi e^{ikR}$$

$$\simeq Ae^{-ikct} \int_{-d/2}^{d/2} d\xi e^{ikL\left[1+\frac{1}{2}\frac{(x-\xi)^2}{L^2}\right]} = Ae^{-ikct} e^{ikL} \int_{-d/2}^{d/2} d\xi e^{i\frac{k}{2L}\left(x^2-2x\xi+\xi^2\right)}$$

$|x| \gg |\xi|$ で，$x^2 - 2x\xi + \xi^2 \simeq x^2 - 2x\xi$ と近似できるとき

$$u(\boldsymbol{r},t) \simeq Ae^{-ikct} e^{ikL} e^{\frac{ik}{2L}x^2} \int_{-d/2}^{d/2} d\xi e^{-i\frac{kx}{L}\xi} = Ade^{-ikct} e^{ikL} e^{\frac{ik}{2L}x^2} \frac{\sin\left(\frac{kdx}{2L}\right)}{\frac{kdx}{2L}} \tag{6.38}$$

よって光の強度は，次式で与えられる．

$$|u(\boldsymbol{r},t)|^2 \simeq A^2 d^2 \left|\frac{\sin\left(\frac{kdx}{2L}\right)}{\frac{kdx}{2L}}\right|^2 \tag{6.39}$$

$X = kdx/(2L)$ として，右辺に現れる関数 $\sin^2 X/X^2$ を図示したのが図 6.8 である．

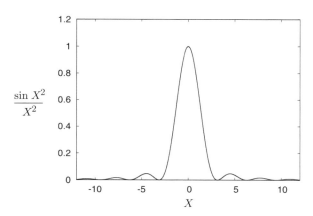

図 6.8　幅 d の隙間を通った光によってスクリーン上に現れる干渉パターン

例題 6.2　d を減少させたとき，スクリーン上でのピークの幅はどうなるか．

解 図 6.8 におけるピークの幅を ΔX とすると,$\Delta X = O(1)$ である.したがって,スクリーン上でのピークの幅を Δx とすると,$\Delta x = 2L\Delta X/(kd) = O(L/(kd)) \propto 1/d$ となる.よって,d を減少させると,スクリーン上でのピークの幅 Δx は増加する.

辺の長さが a, b の長方形の形の隙間の場合を考える.隙間における点 (ξ, η) と,スクリーン上の点 (x, y) の距離は

$$R = \sqrt{L^2 + (x-\xi)^2 + (y-\eta)^2} \simeq L\left[1 + \frac{1}{2}\frac{(x-\xi)^2}{L^2} + \frac{1}{2}\frac{(y-\eta)^2}{L^2}\right] \quad (6.40)$$

式 (6.38) と同様の計算により,スクリーン上での振幅を計算すると

$$u(x,y,t) \propto \int_{-a/2}^{a/2} d\xi \int_{-b/2}^{b/2} d\eta e^{-i\frac{kx}{L}\xi} e^{-i\frac{ky}{L}\eta} \propto \frac{\sin\left(\frac{kax}{2L}\right)}{\frac{kax}{2L}} \frac{\sin\left(\frac{kby}{2L}\right)}{\frac{kby}{2L}} \quad (6.41)$$

$X = kax/(2L), Y = kby/(2L)$ とおいて,$\frac{\sin^2 X}{X^2}\frac{\sin^2 Y}{Y^2}$ を図示したのが,図 6.9 である.

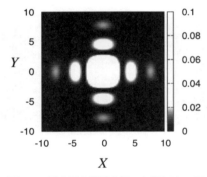 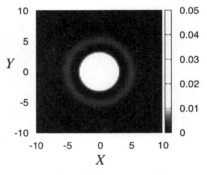

図 6.9 長方形の隙間を通った光によってスクリーン上に形成される干渉パターン.縦方向と横方向の異方性がないのは,横軸を X,縦軸を Y としているためである.

図 6.10 円形の隙間を通った光によってスクリーン上に形成される干渉パターン

次に,長方形の隙間を半径 a の穴に置き換えた場合を考える.同様の計算を行うと,スクリーン上での振幅は

$$u(x,y,t) \propto \int_0^a d\rho\rho \int_0^{2\pi} d\phi e^{-i\frac{k}{L}x\rho\cos\phi} e^{-i\frac{k}{L}y\rho\sin\phi} \tag{6.42}$$

$x = r\cos\theta, y = r\sin\theta$ とおくと

$$u(r,\theta,t) \propto \int_0^a d\rho\rho \int_0^{2\pi} d\phi e^{-i\frac{k}{L}r\rho(\cos\theta\cos\phi+\sin\theta\sin\phi)}$$
$$= \int_0^a d\rho\rho \int_0^{2\pi} d\phi e^{-i\frac{k}{L}r\rho\cos(\theta-\phi)} = \int_0^a d\rho \int_0^{2\pi} d\phi' e^{-i\frac{k}{L}r\rho\cos\phi'}$$
$$= 2\pi \int_0^a d\rho\rho J_0\left(\frac{k\rho r}{L}\right) = 2\pi \left(\frac{L}{kr}\right)^2 \int_0^{\frac{kar}{L}} d\xi \xi J_0(\xi)$$
$$= 2\pi a \left(\frac{L}{kr}\right)^2 \frac{kr}{L} J_1\left(\frac{kar}{L}\right) = \frac{2\pi aL}{kr} J_1\left(\frac{kar}{L}\right)$$

ここで $\int_0^x dx x J_0(x) = x J_1(x)$ を用いた．この式はベッセル関数の母関数 $\exp\left(\frac{x}{2}\left(t-\frac{1}{t}\right)\right) = \sum_{n=-\infty}^{\infty} J_n(x) t^n$ を用いて示せる．

$Z = kar/L$ とおいて，$\left|\frac{J_1(Z)}{Z}\right|^2$ を図示したのが図 6.10 である．

演習問題

演習問題 6.1 誘電率 ε，透磁率 μ の物質中を伝播する電磁波の速さが，$c = 1/\sqrt{\varepsilon\mu}$ で与えられることを示せ．

演習問題 6.2 振幅が同じで波数が少しだけ異なる2つの波 $u_1(x,t) = A\cos(kx-\omega_k t)$ と $u_2(x,t) = A\cos((k+\Delta k)x - \omega_{k+\Delta k}t)$ との干渉を考える．このとき，それぞれの波の周波数よりも小さな周波数成分であるうなり (beat) が現れることを示し，その成分の波長と角振動数を求めよ．

演習問題 6.3 $a > b$ のとき，図 6.9 において横軸を x，縦軸を y としたとき，どのような干渉パターンの図になるか．

演習問題 6.4 光が図 6.3 のように入射する．入射波の電場が図 6.3 の x-y 平面に垂直な場合を s 偏光，磁場が x-y 平面に垂直な場合を p 偏光とよぶ．以下の問に答えよ．
  1) s 偏光の場合に，磁場 $\boldsymbol{H}$ の境界条件も考慮して，$r_s = E_r^{(0)}/E_1^{(0)}$ が次式で表されることを示せ．ただし，$Z_j = \sqrt{\varepsilon_j/\mu_j} (j=1,2)$ である．

$$r_s = \frac{Z_1 \cos\theta_1 - Z_2 \cos\theta_2}{Z_1 \cos\theta + Z_2 \cos\theta_2} \tag{6.43}$$

2) p偏光の場合に, $r_p = E_r^{(0)}/E_1^{(0)}$ が次式で表されることを示せ.

$$r_p = \frac{Z_2 \cos\theta_1 - Z_1 \cos\theta_2}{Z_1 \cos\theta_2 + Z_2 \cos\theta_1} \tag{6.44}$$

3) 反射率は $R_\alpha = |r_\alpha|^2 (\alpha =$ s,p$)$ で与えられる. $Z_0 = \sqrt{\varepsilon_0/\mu_0}$ として, $Z_j \simeq Z_0 n_j$ と近似すると, 次のように書けることを示せ.

$$R_s = \frac{\sin^2(\theta_2 - \theta_1)}{\sin^2(\theta_2 + \theta_1)}, \qquad R_p = \frac{\tan^2(\theta_1 - \theta_2)}{\tan^2(\theta_1 + \theta_2)} \tag{6.45}$$

水 (屈折率 $n = 1.333$) の場合に R_s と R_p を図示したのが図 6.11 である. s 波のほうが反射率が大きく, 反射波が直線偏光になることが理解できる. p 波の反射率がゼロになる入射角 θ_B をブリュースター角 (Brewsters angle) とよぶ. 水の場合, $\theta_B = 53.1°$ である.

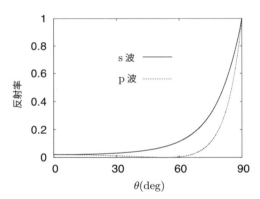

図 6.11 s 偏光と p 偏光の光の反射率の入射角度 θ 依存性

A 数学的準備

A.1 テイラー展開

変数 x の関数 $f(x)$ を，$x = a$ の近傍で展開した式は

$$f(x) = f(a) + f'(a)(x-a) + \frac{1}{2}f''(a)(x-a)^2 + \frac{1}{3!}f^{(3)}(x-a)^3 + \cdots \quad (\text{A.1})$$

となる [*1)]．この展開式をテイラー展開とよぶ．ただし，$f(x)$ の n 階微分を $f^{(n)}(x)$ と書いた．$f^{(3)}(x)$ は $f(x)$ の 3 階微分を表す．

公式 (A.1) は次のようにして示せる．A_j $(j = 0, 1, 2, \ldots)$ を定数として

$$f(x) = A_0 + A_1(x-a) + A_2(x-a)^2 + A_3(x-a)^3 + \cdots \quad (\text{A.2})$$

とおく．この式に $x = a$ を代入すれば，$A_0 = f(a)$ であることがすぐにわかる．

次に，式 (A.2) を x で微分すると

$$f'(x) = A_1 + 2A_2(x-a) + 3A_3(x-a)^2 + \cdots \quad (\text{A.3})$$

この式で $x = a$ とおくと，$A_1 = f'(a)$．式 (A.3) を x で微分すると

$$f''(x) = 2A_2 + 3 \cdot 2A_3(x-a) + \cdots \quad (\text{A.4})$$

$x = a$ を代入して，$A_2 = f''(a)/2$．同様の手続きを繰り返して，式 (A.1) が得られる．

A.2 ランダウの記号

関数のオーダーを記述する便利な記号としてランダウの記号 $O(x)$ がある．x

[*1)] 関数 $f(x)$ は無限回微分可能と仮定する．つまり，関数 $f(x)$ を何回微分しても，不連続な点などが現れずなめらかということである．

の関数 $f(x)$ について,

$$\lim_{x \to \infty} \frac{f(x)}{x^n} = \text{const.} \tag{A.5}$$

のとき,

$$f(x) = O(x^n) \tag{A.6}$$

と書く.たとえば,$f(x) = x^5 - 2x^3$ のとき,$f(x) = O(x^5)$ である.

ランダウの記号は x が小さい場合にも用いられる.x の関数 $f(x)$ について,

$$\lim_{x \to 0} \frac{f(x)}{x^n} = \text{const.} \tag{A.7}$$

のとき,

$$f(x) = O(x^n) \tag{A.8}$$

と書く.たとえば,$|x| \ll 1$ のとき,$\exp x = 1 + x + x^2/2! + \cdots$ だが,この式は $\exp x = 1 + x + O(x^2)$ と書ける.

A.3　ディラックのデルタ関数

ディラックのデルタ関数 $\delta(x)$ は,$x = 0$ の点でのみ値をもち,しかも $x = 0$ で発散する関数である.すなわち,

$$\delta(x) = \begin{cases} \infty & (x = 0) \\ 0 & (x \neq 0) \end{cases} \tag{A.9}$$

さらに,$\delta(x)$ は次の性質をもつ.$a < 0, b > 0$ として,発散などの特異性のない任意の関数 $f(x)$ について

$$\int_a^b dx f(x) \delta(x) = f(0) \tag{A.10}$$

とくに,$f(x) = 1$ の場合を考えると,$x = 0$ を含む区間で $\delta(x)$ を積分すると 1 になることがわかる.関数 $\delta(x)$ は,通常の関数とはかなり性質が異なり,**超関数** (distribution) とよばれる.

デルタ関数は,通常の関数に極限操作を施すことで得られる.図 A.1 の関数

A.3 ディラックのデルタ関数

$f_\varepsilon(x)$ において $\varepsilon \to 0$ とした関数がデルタ関数である.

$$\delta(x) = \lim_{\varepsilon \to 0} f_\varepsilon(x) \tag{A.11}$$

ローレンツ関数を用いて,次のように定義することもできる.

$$\delta(x) = \lim_{\varepsilon \to 0} \frac{1}{\pi} \frac{\varepsilon}{x^2 + \varepsilon^2} \tag{A.12}$$

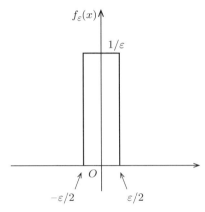

図 A.1 幅 ε,高さ $1/\varepsilon$ の関数. $\varepsilon \to 0$ の極限でデルタ関数になる.

例題 A.1 次式を示せ.

$$\int_{-\infty}^{\infty} dx \frac{1}{\pi} \frac{\varepsilon}{x^2 + \varepsilon^2} = 1 \tag{A.13}$$

解

$$\int_{-\infty}^{\infty} dx \frac{1}{\pi} \frac{\varepsilon}{x^2 + \varepsilon^2} = \frac{1}{\pi} \left[\tan^{-1} \frac{x}{\varepsilon} \right]_{-\infty}^{\infty} = 1 \tag{A.14}$$

a を実数として,$\delta(x)$ を $\delta(x-a)$ で置き換えると

$$\int_{-\infty}^{\infty} dx f(x) \delta(x-a) = f(a) \tag{A.15}$$

となる.この積分は次のようにして理解できる.デルタ関数 $\delta(x-a)$ は,$x = a$ でのみ値をもつから関数 $f(x)$ は $f(a)$ として積分の外に出せる.よって,

$$\int_{-\infty}^{\infty} dx f(x) \delta(x-a) = f(a) \int_{-\infty}^{\infty} dx \delta(x-a) = f(a) \tag{A.16}$$

デルタ関数に関する公式をいくつか確認しよう．以下，任意の関数という場合には，発散などの特異性のない関数を仮定しているとする．

例題 A.2 $a \neq 0$ のとき，次の公式を示せ．
$$\delta(ax) = \frac{1}{|a|} \delta(x) \tag{A.17}$$

解 演習問題 A.1 で示すように，デルタ関数は偶関数だから，$\delta(ax) = \delta(|a|x)$．よって，任意の関数 $f(x)$ について
$$\int_{-\infty}^{\infty} dx f(x) \delta(ax) = \frac{1}{|a|} \int_{-\infty}^{\infty} d\xi f\left(\frac{\xi}{|a|}\right) \delta(\xi) = \frac{1}{|a|} f(0) \tag{A.18}$$
ゆえに，与式が成り立つ．

フーリエ変換と関連して，次の公式を頻繁に用いる．
$$\int_{-\infty}^{\infty} dx \exp(ikx) = 2\pi \delta(k) \tag{A.19}$$

例題 A.3 公式 (A.19) を示せ．

解
$$\begin{aligned}
\int_{-\infty}^{\infty} dx \exp(ikx) &= \lim_{\varepsilon \to +0} \int_{-\infty}^{\infty} dx \exp(ikx - \varepsilon|x|) \\
&= \lim_{\varepsilon \to +0} \left[\int_{0}^{\infty} dx \exp(ikx - \varepsilon x) + \int_{-\infty}^{0} dx \exp(ikx + \varepsilon x) \right] \\
&= \lim_{\varepsilon \to +0} \left(\frac{-1}{ik - \varepsilon} + \frac{1}{ik + \varepsilon} \right) = \lim_{\varepsilon \to +0} \frac{2\varepsilon}{k^2 + \varepsilon^2} \\
&= 2\pi \delta(k)
\end{aligned}$$

A.4 偏微分

2つの変数 x と y の関数 $f(x,y)$ を考える．$f(x,y)$ の x についての**偏微分** (partial differential) は次式で定義される．

$$\frac{\partial f}{\partial x} = \lim_{h \to 0} \frac{f(x+h,y) - f(x,y)}{h} \tag{A.20}$$

同様に，$f(x,y)$ の y についての偏微分は

$$\frac{\partial f}{\partial y} = \lim_{h \to 0} \frac{f(x,y+h) - f(x,y)}{h} \tag{A.21}$$

略記号として，x での偏微分を ∂_x などと書く．また，$\partial_x f = f_x$ といった記号も用いられる．この記号を用いると，$\partial_x \partial_y f = f_{xy}$ と書ける．

A.5 関数の勾配とベクトル場の発散・回転

座標 x, y, z の関数 $f(x,y,z)$ を考える．たとえば，$f(x,y,z)$ が座標 (x,y,z) の地点における山の高さを表しているとしよう．山の斜面の勾配は，頂上に向かう方向では急である．頂上に向かう方向からずれていくと，次第に勾配はゆるやかになる．

この状況を数学的に表現するのが，次式で与えられる**勾配** (gradient) である．

$$\nabla f = \left(\frac{\partial f}{\partial x}, \frac{\partial f}{\partial y}, \frac{\partial f}{\partial z} \right) \tag{A.22}$$

記号 ∇ はナブラ記号と呼ばれる．

$\alpha = x, y, z$ 軸方向の単位ベクトルを $\boldsymbol{e}_\alpha$ と書くと，∇ は次のように書ける．

$$\nabla = \boldsymbol{e}_x \frac{\partial}{\partial x} + \boldsymbol{e}_y \frac{\partial}{\partial y} + \boldsymbol{e}_z \frac{\partial}{\partial z} \tag{A.23}$$

次に座標 x, y, z に依存するベクトル $\boldsymbol{A}(x,y,z) = (A_x(x,y,z), A_y(x,y,z), A_z(x,y,z))$ の特徴を，数学的に表現することを考えよう．このように座標の関数として与えられるベクトルを**ベクトル場** (vector field) とよぶ．

次式で定義される量をベクトル場 $\boldsymbol{A}(x,y,z)$ の**発散** (divergence) とよぶ．

$$\nabla \cdot \boldsymbol{A} = \frac{\partial A_x}{\partial x} + \frac{\partial A_y}{\partial y} + \frac{\partial A_z}{\partial z} \tag{A.24}$$

ベクトル場によって表現されるベクトルが，流れの強さと方向を表していると解釈すると，発散は流れの沸きだし，または吸い込みが存在することを表す．

流れには，渦のように回転している流れも存在する．ベクトル場の回転を特

徴付ける量が，次式で定義される**回転** (rotation) である．

$$\nabla \times \boldsymbol{A} = (\partial_y A_z - \partial_z A_y, \partial_z A_x - \partial_x A_z, \partial_x A_y - \partial_y A_x) \tag{A.25}$$

例題 A.4 2つのベクトル場 $\boldsymbol{A} = (x, y, 0)$ と $\boldsymbol{B} = (-y, x, 0)$ を考える．それぞれの勾配と回転を求めよ．

解 $\nabla \cdot \boldsymbol{A} = 2, \nabla \times \boldsymbol{A} = 0, \nabla \cdot \boldsymbol{B} = 0, \nabla \times \boldsymbol{B} = (0, 0, 2)$.

関数 $f(x, y, z)$ の勾配 ∇f の発散は，次式で表される．

$$\nabla \cdot (\nabla f) = \nabla^2 f = \frac{\partial^2 f}{\partial x^2} + \frac{\partial^2 f}{\partial y^2} + \frac{\partial^2 f}{\partial z^2} \tag{A.26}$$

ここで現れた演算子 ∇^2 を**ラプラシアン** (Laplacian) とよぶ[*2]．

A.6 2次元極座標におけるラプラシアン

位置ベクトル $\boldsymbol{r}$ の関数 $f(\boldsymbol{r})$ を考える．$f(\boldsymbol{r})$ の勾配 $\nabla f(\boldsymbol{r})$ は位置 $\boldsymbol{r} + d\boldsymbol{r}$ における f の値と位置 $\boldsymbol{r}$ における f の値の差と関係しており，

$$\nabla f \cdot d\boldsymbol{r} = f(\boldsymbol{r} + d\boldsymbol{r}) - f(\boldsymbol{r}) \tag{A.27}$$

である．

ここまでは一般的な表式である．2次元の極座標系における単位ベクトルを次式で定義する．

$$\boldsymbol{e}_r = (\cos \phi, \sin \phi)$$
$$\boldsymbol{e}_\phi = (-\sin \phi, \cos \phi)$$

$\boldsymbol{e}_r$ は動径方向の単位ベクトル，$\boldsymbol{e}_\phi$ は ϕ が増加する方向の単位ベクトルである．これらの単位ベクトルを用いると，位置ベクトル $\boldsymbol{r}$ は

$$\boldsymbol{r} = r \boldsymbol{e}_r \tag{A.28}$$

[*2] ラプラシアンを含む微分方程式は，波動方程式を含め，電磁気現象の様々な方程式，量子力学のシュレーディンガー方程式，拡散方程式など物理の至る所に現れる．

とかける．ここで $r = \sqrt{x^2 + y^2}$ である．式 (A.28) を微分すると

$$d\boldsymbol{r} = \boldsymbol{e}_r dr + r\boldsymbol{e}_\phi d\phi \tag{A.29}$$

式 (A.27) の左辺にこの式を代入し，$\nabla f = A(r,\phi)\boldsymbol{e}_r + B(r,\phi)\boldsymbol{e}_\phi$ とおく．また，右辺が

$$f(\boldsymbol{r} + d\boldsymbol{r}) - f(\boldsymbol{r}) = f(r + dr, \phi + d\phi) - f(r, \phi) \tag{A.30}$$

と書けることから，

$$Adr + Brd\phi = \frac{\partial f}{\partial r}dr + \frac{\partial f}{\partial \phi}d\phi \tag{A.31}$$

両辺を比較して

$$A = \frac{\partial f}{\partial r}, \qquad B = \frac{1}{r}\frac{\partial f}{\partial \phi} \tag{A.32}$$

よって

$$\nabla = \boldsymbol{e}_r \frac{\partial}{\partial r} + \frac{1}{r}\boldsymbol{e}_\phi \frac{\partial}{\partial \phi} \tag{A.33}$$

と書ける．

ラプラシアン ∇^2 は，$\nabla \cdot (\nabla f)$ だから

$$\begin{aligned}
\nabla \cdot (\nabla f) &= \left(\boldsymbol{e}_r \frac{\partial}{\partial r} + \frac{1}{r}\boldsymbol{e}_\phi \frac{\partial}{\partial \phi}\right) \cdot \left(\boldsymbol{e}_r \frac{\partial f}{\partial r} + \frac{1}{r}\boldsymbol{e}_\phi \frac{\partial f}{\partial \phi}\right) \\
&= \boldsymbol{e}_r \cdot \frac{\partial}{\partial r}\left(\boldsymbol{e}_r \frac{\partial f}{\partial r} + \frac{1}{r}\boldsymbol{e}_\phi \frac{\partial f}{\partial \phi}\right) + \frac{1}{r}\boldsymbol{e}_\phi \cdot \frac{\partial}{\partial \phi}\left(\boldsymbol{e}_r \frac{\partial f}{\partial r} + \frac{1}{r}\boldsymbol{e}_\phi \frac{\partial f}{\partial \phi}\right) \\
&= \frac{\partial^2 f}{\partial r^2} + \frac{1}{r}\frac{\partial f}{\partial r} + \frac{1}{r^2}\frac{\partial^2 f}{\partial \phi^2}
\end{aligned}$$

2 行目から 3 行目を導出する際，$\partial \boldsymbol{e}_r/\partial \phi = \boldsymbol{e}_\phi$ を用いた．

A.7 ストークスの定理

変数 x と y のベクトル場 $\boldsymbol{A}(x,y) = (A_x(x,y), A_y(x,y))$ を考える．図 A.2(a) に示した領域 S での積分について，次のストークスの定理 (Stokes' theorem) が成り立つ．

$$\iint_S dxdy\,(\partial_x A_y - \partial_y A_x) = \oint_C (A_x dx + A_y dy) \qquad (A.34)$$

右辺は，図 A.2(b) の閉曲線 C にそった**線積分** (line integral) である [*3].

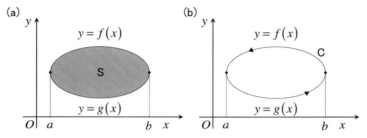

図 A.2　(a)x-y 平面上における領域 S と (b) 領域 S の境界 C.

式 (A.34) は次のようにして示せる．図 A.2(a) の領域 S が，$a \le x \le b, g(x) \le y \le f(x)$ によって表されるとする．このとき，

$$\begin{aligned}
\iint_S dxdy\,(-\partial_y A_x) &= -\int_a^b dx \int_{g(x)}^{f(x)} dy\, \partial_y A_x \\
&= \int_a^b dx\,[A_x(x, g(x)) - A_x(x, f(x))] \\
&= \oint_C dx\, A_x
\end{aligned}$$

となる．2 番目の等号では，y についての積分を実行している．

同様に，図 A.2(a) の領域 S が，$c \le y \le d, q(y) \le x \le p(x)$ によって表されるとすると，

[*3] 線積分は閉曲線 C が，t を変数として $x = x(t), y = y(t)$ として表現できれば，t についての積分で表すことができる．

$$\iint_S dx dy \partial_x A_y = \int_c^d dy \int_{q(y)}^{p(y)} dx \partial_x A_y$$
$$= \int_c^d dy \left[A_y(p(y), y) - A_y(q(y), y) \right]$$
$$= \oint_C dy A_y$$

となる．この 2 つの結果から，式 (A.34) が成り立つことがわかる．一般の領域の場合には，領域を分割して考えることで基本的には同様の計算によって式 (A.34) が成り立つことを確かめることができる．

A.8　ガウスの定理

3 次元ベクトル場 $\boldsymbol{A}(x, y, z)$ を考える．3 次元の領域 V での $\nabla \cdot \boldsymbol{A}$ の積分について，次のガウスの定理 (Gauss' theorem) が成り立つ．

$$\int_V d^3 \boldsymbol{r} \nabla \cdot \boldsymbol{A} = \int_S d\boldsymbol{S} \cdot \boldsymbol{A} \tag{A.35}$$

右辺は領域 V の表面 S にわたる面積分である．

簡単のため，領域 V が立方体の場合にこの公式が成り立つことを示す．a を定数として，領域 V が $0 \leq x \leq a, 0 \leq y \leq a, 0 \leq z \leq a$ で与えられているとする．このとき，

$$\int_V d^3 \boldsymbol{r} \partial_x A_x = \int_0^a dx \int_0^a dy \int_0^a dz \partial_x A_x$$
$$= \int_0^a dy \int_0^a dz A_x(a, y, z) - \int_0^a dy \int_0^a dz A_x(0, y, z)$$

右辺の第 1 項は，$dS_x = dydz$ とおくと，立方体の $x = a$ の面における面積分になる．右辺の第 2 項は，立方体の $x = 0$ の面における面積分になる．なお，面積要素ベクトルは領域の中から外側の向きを正とする．そのため，$x = 0$ の面における面積要素には負号がつく．

$\partial_y A_y, \partial_z A_z$ の領域 V での体積積分についても同様に考えて，式 (A.35) が成り立つことがわかる．

A.9　実対称行列の対角化

行列 A を，$n \times n$ の実対称行列とする．行列 A の ij 成分を a_{ij} と書くと，行列 A が実対称行列だから，a_{ij} は実数で，$a_{ji} = a_{ij}$ である．

このような実対称行列が，変換により対角成分以外をすべてゼロにすること（対角化とよぶ）が可能なことを示す．固有値に縮退がない場合の証明を以下に示す [*4]．

実対称行列 A の固有値と対応する固有ベクトルをそれぞれ $\lambda_\ell, \bm{v}_\ell (\ell = 1, 2, \ldots, n)$ とすると

$$A\bm{v}_\ell = \lambda_\ell \bm{v}_\ell \tag{A.36}$$

固有値に縮退がないとすれば，$\ell \neq k$ のとき $\lambda_\ell \neq \lambda_k$ である．

準備としてベクトルの内積を定義しておく．2 つの n 次元ベクトル

$$\bm{a} = \begin{pmatrix} a_1 \\ a_2 \\ \vdots \\ a_n \end{pmatrix}, \quad \bm{b} = \begin{pmatrix} b_1 \\ b_2 \\ \vdots \\ b_n \end{pmatrix} \tag{A.37}$$

の内積を

$$(\bm{a}, \bm{b}) = \bm{a}^\mathrm{T} \bm{b} = a_1 b_1 + a_2 b_2 + \cdots + a_n b_n \tag{A.38}$$

によって定義する．

さて，行列 A の固有ベクトルが互いに直交することを示そう．行列 A は実対称行列だから

$$A^\mathrm{T} = A \tag{A.39}$$

である．よって，

$$(A\bm{v}_\ell, \bm{v}_k) = (A\bm{v}_\ell)^\mathrm{T} \bm{v}_k = \bm{v}_\ell^\mathrm{T} A^\mathrm{T} \bm{v}_k = \bm{v}_\ell^\mathrm{T} A \bm{v}_k = (\bm{v}_\ell, A\bm{v}_k) \tag{A.40}$$

$\bm{v}_\ell$ および $\bm{v}_k$ は行列 A の固有ベクトルだから $A\bm{v}_\ell = \lambda_\ell \bm{v}_\ell, A\bm{v}_k = \lambda_k \bm{v}_k$ で

[*4] 固有値に縮退がある場合の証明については，サポートページを参照されたい．

A.9 実対称行列の対角化

ある．これらを式 (A.40) に代入して整理すると

$$(\lambda_\ell - \lambda_k)(\boldsymbol{v}_\ell, \boldsymbol{v}_k) = 0 \tag{A.41}$$

したがって，$\lambda_\ell \neq \lambda_k$ のとき $(\boldsymbol{v}_\ell, \boldsymbol{v}_k) = 0$ となる．いま，固有値に縮退がないと仮定しているから，$\ell \neq k$ のとき，$(\boldsymbol{v}_\ell, \boldsymbol{v}_k) = 0$ である．さらに，固有ベクトルを規格化して $(\boldsymbol{v}_\ell, \boldsymbol{v}_\ell) = 1$ とすると，

$$(\boldsymbol{v}_\ell, \boldsymbol{v}_k) = \boldsymbol{v}_\ell^{\mathrm{T}} \boldsymbol{v}_k = \delta_{\ell,k} \tag{A.42}$$

と書くことができる．$\delta_{\ell,k}$ はクロネッカーのデルタであり，$\ell = k$ のとき，$\delta_{\ell,k} = 1$，$\ell \neq k$ のとき，$\delta_{\ell,k} = 0$ である．

次に，これらの固有ベクトルから次の行列を定義する．

$$U = \begin{pmatrix} \boldsymbol{v}_1 & \boldsymbol{v}_2 & \cdots & \boldsymbol{v}_n \end{pmatrix} \tag{A.43}$$

U について，$U^{\mathrm{T}} U = \widehat{1}$ が示せる．

例題 A.5 $U^{\mathrm{T}} U = \widehat{1}$ を示せ．

解

$$U^{\mathrm{T}} U = \begin{pmatrix} \boldsymbol{v}_1^{\mathrm{T}} \\ \boldsymbol{v}_2^{\mathrm{T}} \\ \vdots \\ \boldsymbol{v}_n^{\mathrm{T}} \end{pmatrix} \begin{pmatrix} \boldsymbol{v}_1 & \boldsymbol{v}_2 & \cdots & \boldsymbol{v}_n \end{pmatrix}$$

$$= \begin{pmatrix} \boldsymbol{v}_1^{\mathrm{T}} \boldsymbol{v}_1 & \boldsymbol{v}_1^{\mathrm{T}} \boldsymbol{v}_2 & \cdots & \boldsymbol{v}_1^{\mathrm{T}} \boldsymbol{v}_n \\ \boldsymbol{v}_2^{\mathrm{T}} \boldsymbol{v}_1 & \boldsymbol{v}_2^{\mathrm{T}} \boldsymbol{v}_2 & \cdots & \boldsymbol{v}_2^{\mathrm{T}} \boldsymbol{v}_n \\ \vdots & \vdots & \ddots & \vdots \\ \boldsymbol{v}_n^{\mathrm{T}} \boldsymbol{v}_1 & \boldsymbol{v}_n^{\mathrm{T}} \boldsymbol{v}_2 & \cdots & \boldsymbol{v}_n^{\mathrm{T}} \boldsymbol{v}_n \end{pmatrix}$$

式 (A.42) を用いると，$U^{\mathrm{T}} U = \widehat{1}$．

行列 U による変換により行列 A が，次のように対角化される．

$$U^{\mathrm{T}}AU = \begin{pmatrix} \boldsymbol{v}_1^{\mathrm{T}} \\ \boldsymbol{v}_2^{\mathrm{T}} \\ \vdots \\ \boldsymbol{v}_n^{\mathrm{T}} \end{pmatrix} A \begin{pmatrix} \boldsymbol{v}_1 & \boldsymbol{v}_2 & \cdots & \boldsymbol{v}_n \end{pmatrix}$$

$$= \begin{pmatrix} \boldsymbol{v}_1^{\mathrm{T}} \\ \boldsymbol{v}_2^{\mathrm{T}} \\ \vdots \\ \boldsymbol{v}_n^{\mathrm{T}} \end{pmatrix} \begin{pmatrix} \lambda_1 \boldsymbol{v}_1 & \lambda_2 \boldsymbol{v}_2 & \cdots & \lambda_n \boldsymbol{v}_n \end{pmatrix}$$

$$= \begin{pmatrix} \lambda_1 \boldsymbol{v}_1^{\mathrm{T}} \boldsymbol{v}_1 & \lambda_2 \boldsymbol{v}_1^{\mathrm{T}} \boldsymbol{v}_2 & \cdots & \lambda_n \boldsymbol{v}_1^{\mathrm{T}} \boldsymbol{v}_n \\ \lambda_1 \boldsymbol{v}_2^{\mathrm{T}} \boldsymbol{v}_1 & \lambda_2 \boldsymbol{v}_2^{\mathrm{T}} \boldsymbol{v}_2 & \cdots & \lambda_n \boldsymbol{v}_2^{\mathrm{T}} \boldsymbol{v}_n \\ \vdots & \vdots & \ddots & \vdots \\ \lambda_1 \boldsymbol{v}_n^{\mathrm{T}} \boldsymbol{v}_1 & \lambda_2 \boldsymbol{v}_n^{\mathrm{T}} \boldsymbol{v}_2 & \cdots & \lambda_n \boldsymbol{v}_n^{\mathrm{T}} \boldsymbol{v}_n \end{pmatrix}$$

式 (A.42) を用いると，

$$U^{\mathrm{T}}AU = \begin{pmatrix} \lambda_1 & 0 & \cdots & 0 \\ 0 & \lambda_2 & \ddots & \vdots \\ \vdots & \ddots & \ddots & 0 \\ 0 & \cdots & 0 & \lambda_n \end{pmatrix} \tag{A.44}$$

このようにして，実対称行列 A が対角化される．

A.10　フーリエ級数

周期 L の関数 $f(x)$ を考える．

$$f(x+L) = f(x) \tag{A.45}$$

この関数 $f(x)$ を，周期 L の三角関数で表すことを試みる．

　三角関数を，A を定数として $\cos(Ax)$, $\sin(Ax)$ と書く．周期が L だから，n を整数として $AL = 2\pi n$ となる．すなわち次の三角関数を考えればよい．

A.10 フーリエ級数

$$\cos\left(\frac{2\pi n}{L}x\right), \qquad \sin\left(\frac{2\pi n}{L}x\right) \tag{A.46}$$

これらの三角関数を用いて，関数 $f(x)$ を次のように表す．

$$f(x) = \sum_{n=0}^{\infty}\left[a_n\cos\left(\frac{2\pi n}{L}x\right) + b_n\sin\left(\frac{2\pi n}{L}x\right)\right] \tag{A.47}$$

なお，$n<0$ は考えなくてもよい．関係するのは b_n だが，$b_n - b_{-n} \to b_n$ と定義し直せばよい．式 (A.47) を**フーリエ級数** (Fourier series) とよぶ．

A.10.1 直交関係

式 (A.47) における係数 a_n および b_n を求めよう．そのために三角関数の直交関係を用いる．

最初に余弦関数の直交関係を示す．n, m を負でない整数として，次の式を考える．

$$C_{nm} = \int_0^L dx \cos\left(\frac{2\pi n}{L}x\right)\cos\left(\frac{2\pi m}{L}x\right) \tag{A.48}$$

まず，$m=0$ の場合を考えると

$$C_{n0} = \int_0^L dx \cos\left(\frac{2\pi n}{L}x\right) = L\delta_{n,0} \tag{A.49}$$

次に，$n \neq m$ のとき

$$C_{nm} = \int_0^L dx \frac{1}{2}\left[\cos\left(\frac{2\pi(n+m)}{L}x\right) + \cos\left(\frac{2\pi(n-m)}{L}x\right)\right] = 0 \tag{A.50}$$

$n = m \neq 0$ のとき

$$C_{nn} = \int_0^L dx \frac{1}{2}\left[\cos\left(\frac{4\pi n}{L}x\right) + 1\right] = \frac{L}{2} \tag{A.51}$$

まとめると，n, m が正の整数のとき

$$\int_0^L dx \cos\left(\frac{2\pi n}{L}x\right)\cos\left(\frac{2\pi m}{L}x\right) = \frac{L}{2}\delta_{nm}$$

$m=0$ のとき

$$\int_0^L dx \cos\left(\frac{2\pi n}{L}x\right) = L\delta_{n,0}$$

同様に正弦関数についても

$$\int_0^L dx \sin\left(\frac{2\pi n}{L}x\right)\sin\left(\frac{2\pi m}{L}x\right)$$
$$= \int_0^L dx \frac{1}{2}\left[-\cos\left(\frac{2\pi(n+m)}{L}x\right)+\cos\left(\frac{2\pi(n-m)}{L}x\right)\right]$$

より
$$\int_0^L dx \sin\left(\frac{2\pi n}{L}x\right)\sin\left(\frac{2\pi m}{L}x\right) = \frac{L}{2}\delta_{nm}$$

が成り立つことがわかる．

また，余弦関数と正弦関数は互いに直交している．

$$\int_0^L dx \cos\left(\frac{2\pi n}{L}x\right)\sin\left(\frac{2\pi m}{L}x\right)$$
$$= \frac{1}{2}\int_0^L dx\left[\sin\left(\frac{2\pi(n+m)}{L}x\right)-\sin\left(\frac{2\pi(n-m)}{L}x\right)\right] = 0$$

以上をまとめると，m を正の整数として

$$\int_0^L dx \cos\left(\frac{2\pi n}{L}x\right) = L\delta_{n,0} \tag{A.52}$$

$$\int_0^L dx \cos\left(\frac{2\pi n}{L}x\right)\cos\left(\frac{2\pi m}{L}x\right) = \frac{L}{2}\delta_{nm} \tag{A.53}$$

$$\int_0^L dx \sin\left(\frac{2\pi n}{L}x\right)\sin\left(\frac{2\pi m}{L}x\right) = \frac{L}{2}\delta_{nm} \tag{A.54}$$

$$\int_0^L dx \cos\left(\frac{2\pi n}{L}x\right)\sin\left(\frac{2\pi m}{L}x\right) = 0 \tag{A.55}$$

A.10.2 係数の計算

さて，式 (A.47) の係数 a_n, b_n を，直交関係を用いて求めよう．

まず，式 (A.47) を x について積分する．式 (A.52) を適用して

$$\int_0^L dx f(x) = a_0 L$$

よって
$$a_0 = \frac{1}{L}\int_0^L dx f(x)$$

次に，式 (A.47) の両辺に $\cos(2\pi nx/L)$ をかけて，x について積分する．式 (A.53) と式 (A.55) を適用して

A.10 フーリエ級数

$$\int_0^L dx \cos\left(\frac{2\pi n}{L}x\right) f(x) = \frac{L}{2} a_n$$

よって

$$a_n = \frac{2}{L} \int_0^L dx \cos\left(\frac{2\pi n}{L}x\right) f(x)$$

式 (A.47) の両辺に $\sin(2\pi nx/L)$ をかけて x について積分し，式 (A.54) と式 (A.55) を適用すると

$$\int_0^L dx \sin\left(\frac{2\pi n}{L}x\right) f(x) = \frac{L}{2} b_n$$

よって

$$b_n = \frac{2}{L} \int_0^L dx \sin\left(\frac{2\pi n}{L}x\right) f(x)$$

まとめると

$$a_0 = \frac{1}{L} \int_0^L dx f(x)$$
$$a_n = \frac{2}{L} \int_0^L dx \cos\left(\frac{2\pi n}{L}x\right) f(x)$$
$$b_n = \frac{2}{L} \int_0^L dx \sin\left(\frac{2\pi n}{L}x\right) f(x)$$

なお，積分区間は $[-L/2, L/2]$ でもよい[*5]．この性質を用いると，フーリエ級数の係数を求める式は次のように書くことができる．

$$a_0 = \frac{1}{L} \int_{-L/2}^{L/2} dx f(x)$$
$$a_n = \frac{2}{L} \int_{-L/2}^{L/2} dx \cos\left(\frac{2\pi n}{L}x\right) f(x)$$
$$b_n = \frac{2}{L} \int_{-L/2}^{L/2} dx \sin\left(\frac{2\pi n}{L}x\right) f(x)$$

[*5] このことは次のようにして確かめられる．周期 L の関数 $f(x)$ について
$$\int_0^L dx f(x) = \int_0^{L/2} dx f(x) + \int_{L/2}^L dx f(x) = \int_0^{L/2} dx f(x) + \int_{L/2}^L dx f(x-L)$$
$$= \int_0^{L/2} dx f(x) + \int_{-L/2}^0 dx' f(x') = \int_{-L/2}^{L/2} dx f(x)$$
ただし 2 番目の符号では $f(x-L) = f(x)$ を用い，3 番目の等号では $x - L = x'$ と変数変換を行った．

例 A.1　周期 2π の周期関数 $f(x)$ で，$-\pi \leq x \leq \pi$ において

$$f(x) = x^2 \tag{A.56}$$

である関数を考える．$f(x)$ のフーリエ級数展開の係数を計算すると，

$$a_0 = \frac{1}{2\pi}\int_{-\pi}^{\pi} dx\, x^2 = \frac{\pi^2}{3}$$

$$a_n = \frac{1}{\pi}\int_{-\pi}^{\pi} dx \cos(nx)\, x^2 = \frac{4}{n^2}(-1)^n$$

$$b_n = \frac{1}{\pi}\int_{-\pi}^{\pi} dx \sin(nx)\, x^2 = 0$$

したがって

$$f(x) = \frac{\pi^2}{3} + \sum_{n=1}^{\infty} \frac{4}{n^2}(-1)^n \cos(nx) \tag{A.57}$$

式 (A.57) を，有限項で近似して数値計算を行ってみる．

$$f_N(x) = \frac{\pi^2}{3} + \sum_{n=1}^{N} \frac{4}{n^2}(-1)^n \cos(nx)$$

$N = 5$ と $N = 50$ の場合を図示すると図 A.3 のようになる．

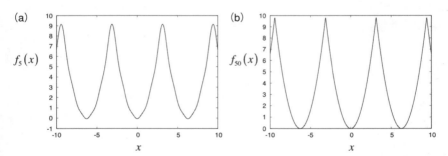

図 A.3　フーリエ級数 (A.57) を有限項で近似した関数 $f_N(x)$．(a)$N = 5$ の場合と (b)$N = 50$ の場合．

A.10.3　指数関数表示のフーリエ級数

式 (A.47) の三角関数をオイラーの公式 (1.21) により変形して，指数関数表示のフーリエ級数を導こう．

A.10 フーリエ級数

式 (A.47) にオイラーの公式を適用して

$$f(x) = \sum_{n=0}^{\infty}\left(a_n \frac{e^{\frac{2\pi i}{L}nx}+e^{-\frac{2\pi i}{L}nx}}{2}+b_n\frac{e^{\frac{2\pi i}{L}nx}-e^{-\frac{2\pi i}{L}nx}}{2i}\right)$$

$$= \sum_{n=0}^{\infty}\left(\frac{a_n-ib_n}{2}e^{\frac{2\pi i}{L}nx}+\frac{a_n+ib_n}{2}e^{-\frac{2\pi i}{L}nx}\right)$$

$n > 0$ のとき,式 (A.53) と式 (A.54) より

$$\frac{a_n-ib_n}{2} = \frac{1}{L}\int_0^L dx \cos\left(\frac{2\pi n}{L}x\right)f(x) - \frac{i}{L}\int_0^L dx \sin\left(\frac{2\pi n}{L}x\right)f(x)$$

$$= \frac{1}{L}\int_0^L dx \exp\left(-\frac{2\pi i}{L}nx\right)f(x)$$

$$\frac{a_n+ib_n}{2} = \frac{1}{L}\int_0^L dx \cos\left(\frac{2\pi n}{L}x\right)f(x) + \frac{i}{L}\int_0^L dx \sin\left(\frac{2\pi n}{L}x\right)f(x)$$

$$= \frac{1}{L}\int_0^L dx \exp\left(\frac{2\pi i}{L}nx\right)f(x)$$

よって

$$c_n = \frac{1}{L}\int_0^L dx \exp\left(-\frac{2\pi i}{L}nx\right)f(x)$$

とおくと

$$\frac{a_n-ib_n}{2} = c_n, \qquad \frac{a_n+ib_n}{2} = c_{-n} \tag{A.58}$$

また,式 (A.52) と $b_0 = 0$ より

$$\frac{a_0 \pm ib_0}{2} = \frac{a_0}{2} = \frac{1}{2L}\int_0^L dx f(x) = \frac{1}{2}c_0 \tag{A.59}$$

したがって,

$$f(x) = \sum_{n=0}^{\infty}\left(\frac{a_n-ib_n}{2}e^{\frac{2\pi i}{L}nx}+\frac{a_n+ib_n}{2}e^{-\frac{2\pi i}{L}nx}\right)$$

$$= a_0 + \sum_{n=1}^{\infty}\left(\frac{a_n-ib_n}{2}e^{\frac{2\pi i}{L}nx}+\frac{a_n+ib_n}{2}e^{-\frac{2\pi i}{L}nx}\right)$$

$$= c_0 + \sum_{n=1}^{\infty}\left(c_n e^{\frac{2\pi i}{L}nx}+c_{-n}e^{-\frac{2\pi i}{L}nx}\right)$$

$$= \sum_{n=-\infty}^{\infty} c_n e^{\frac{2\pi i}{L}nx}$$

まとめると，指数関数表示のフーリエ級数は

$$f(x) = \sum_{n=-\infty}^{\infty} c_n e^{\frac{2\pi i}{L} nx} \tag{A.60}$$

係数 c_n は次の式から求められる．

$$c_n = \frac{1}{L} \int_0^L dx \exp\left(-\frac{2\pi i}{L} nx\right) f(x) \tag{A.61}$$

この表式で用いる直交関係は次の式である．

$$\frac{1}{L} \int_0^L dx \left[\exp\left(-\frac{2\pi i}{L} nx\right)\right]^* \exp\left(-\frac{2\pi i}{L} mx\right) = \delta_{nm} \tag{A.62}$$

A.10.4 不連続点がある場合のフーリエ級数

前節でみたように，連続関数の場合，フーリエ級数 (A.47) によってもとの関数を正確に表すことができる．しかし，関数が不連続点をもつ場合には注意が必要である．関数 $f(x)$ が $x = a$ に不連続点をもつとき，フーリエ級数 (A.47) の右辺の $x = a$ における値は

$$\frac{1}{2} \lim_{\varepsilon \to 0} [f(a - \varepsilon) + f(a + \varepsilon)] \tag{A.63}$$

となる．

具体的に，周期 2 の周期関数 $f(x)$ で，$-1 \leq x < 1$ において $f(x) = x$ である関数を考える．この関数は $x = \pm 1, \pm 3, \pm 5, \ldots$ に不連続点がある．

フーリエ級数展開の係数を計算すると，$a_0 = 0, a_n = 0$ であることがわかる．また，

$$b_n = 2 \int_0^1 dx\, x \sin(\pi n x) = \frac{2}{(\pi n)^2} \int_0^{\pi n} d\xi\, \xi \sin \xi$$
$$= \frac{2}{(\pi n)^2} \left([-\xi \cos \xi]_0^{\pi n} + \int_0^{\pi n} d\xi \cos \xi\right) = -\frac{2}{\pi n} (-1)^n$$

したがって

$$f(x) = \frac{2}{\pi} \sum_{n=1}^{\infty} \frac{(-1)^{n+1}}{n} \sin(\pi n x)$$

有限項で近似した式は

$$f_N(x) = \frac{2}{\pi} \sum_{n=1}^{N} \frac{(-1)^{n+1}}{n} \sin(\pi n x) \tag{A.64}$$

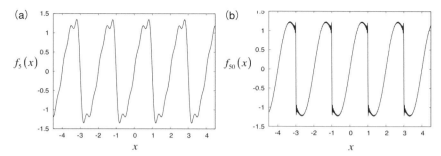

図 A.4 式 (A.64) で与えられる $f_N(x)$. (a) $N=5$ の場合と (b) $N=50$ の場合.

$N=5$ と $N=50$ の場合に，$f_N(x)$ を図示したのが図 A.4 である．

$x = \pm 1, \pm 3, \ldots$ でのずれは，不連続点で現れる**ギブス現象** (Gibbs phenomenon) によるものである[*6]．N を大きくしても，ずれはなくならない．

演習問題

演習問題 A.1 デルタ関数が偶関数であることを示せ．

演習問題 A.2 階段関数 (step function) $\theta(x)$ は，$x \geq 0$ で，$\theta(x) = 1, x < 0$ で $\theta(x) = 0$ となる関数である．次式を示せ．

$$\delta(x) = \frac{d}{dx}\theta(x) \tag{A.65}$$

演習問題 A.3 ストークスの定理を用いて，線積分により楕円の面積が求められることを示せ．

演習問題 A.4 式 (A.57) を用いて，次式を示せ．

$$\frac{1}{1^2} + \frac{1}{2^2} + \frac{1}{3^2} + \frac{1}{4^2} + \cdots = \frac{\pi^2}{6} \tag{A.66}$$

[*6] ギブス現象についての詳細はサポートページをご覧いただきたい．

B 常微分方程式の数値解法

B.1 1階の常微分方程式の数値解法

次の1階の微分方程式を考える.

$$\frac{dx}{dt} = f(x) \tag{B.1}$$

この微分方程式をみたす関数 $x = x(t)$ を数値計算によって求めたい. 初期条件は, $t = t_0$ のとき $x = x_0$ とする. 右辺の $f(x)$ は, x の関数である[*1)].

B.1.1 オイラー法

微分方程式 (B.1) を数値的に解くアルゴリズムとして, まず, もっとも簡単なオイラー法を説明する.

数値計算では, 連続変数を扱うことができない. そのため, 連続変数 t を, 離散的な値で置き換えて考える. t 軸上に Δt の間隔をおいて点 $t_0, t_1, t_2, \ldots$ をとる. $t_{j+1} = t_j + \Delta t$ である. $t = t_j$ での x の値を x_j とする.

さて, $t = t_j$ での x の値 x_j がわかっているとき, $t = t_{j+1}$ での x の値 x_{j+1} は, どのようにして求められるだろうか. この問に対する答がわかれば, $t = t_0$ での x の値 x_0 が初期条件として与えられているから, すべての t_j における x_j が計算できる.

$t = t_{j+1}$ での $x = x_{j+1}$ は, 図 B.1 に示したような考え方で求めることができる. まず, $t = t_j$ での x の値 x_j がわかっているとする. 関数 $x(t)$ は求めるべき関数だが, $t = t_j$ における接線の傾きは式 (B.1) より $f(x_j)$ で与えられる. よって, 接線の方程式は

[*1)] $f(x)$ のかわりに x と t の両方を含む関数を考えてもよいが, 説明を簡単にするために, x のみの関数の場合を考える.

B.1 1階の常微分方程式の数値解法

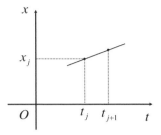

図 B.1 $t = t_j, x = x_j$ における $x = x(t)$ の接線. $t = t_{j+1}$ での x を x_{j+1} とする.

$$x = f(x_j)(t - t_j) + x_j \tag{B.2}$$

$t = t_{j+1}$ での x の値 $x = x_{j+1}$ が，この接線上にあるとして近似すれば

$$x_{j+1} \simeq f(x_j)(t_{j+1} - t_j) + x_j \tag{B.3}$$

となる．$t_{j+1} - t_j = \Delta t$ だから

$$x_{j+1} \simeq x_j + \Delta t\, f(x_j) \tag{B.4}$$

この式は x_j についての漸化式である．このようにして，数値的に1階の微分方程式 (B.1) を解く方法を**オイラー法** (Euler's method) とよぶ.

例題 B.1 式 (B.1) の右辺が x と t の関数 $g(x, t)$ の場合に，式 (B.4) に対応するオイラー法の式を求めよ.

解 上と同様の導出手順により

$$x_{j+1} \simeq x_j + \Delta t\, g(x_j, t_j) \tag{B.5}$$

オイラー法に基づくと，x_j が

$$x_j \simeq \Delta t \sum_{k=0}^{j-1} f(x_k) + x_0 \tag{B.6}$$

によって求まることがわかる．すなわち，微分方程式 (B.1) は，式 (B.6) の和を数値的に計算することで解くことができる.

例 B.1 例として，

$$\frac{dx}{dt} = -x \tag{B.7}$$

をオイラー法によって解いてみよう．図 B.2 に結果を示す．初期条件は，$t = 0$ で $x = 1$ である．$\Delta t = 0.1$ として計算している．図 B.2 では，厳密解 $x = \exp(-t)$ も一緒に示しているが，両者はよく一致している．

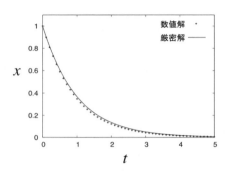

図 B.2　オイラー法による数値計算の結果と厳密解の比較

B.1.2　中 点 法

オイラー法は微分方程式 (B.1) を数値的に解く方法としてもっとも簡単な方法であるが，精度があまりよくない．オイラー法よりも精度がよい中点法について説明する．

オイラー法では，$t = t_j$ での $x(t)$ の接線を考えた．中点法では，$t = t_j$ と $t = t_{j+1}$ の中間での接線の傾きを求め，その傾きを用いて x_{j+1} を決定する．

中点法の手順は以下の通りである．

1) $t = t_j$ における接線の方程式

$$x = f(x_j)(t - t_j) + x_j \tag{B.8}$$

より，$t = t_\mathrm{m} = t_j + \Delta t/2$ での x の値 x_m を求める（図 B.3 の (1)）．

2) $t = t_\mathrm{m}$ での接線の傾き $f(x_\mathrm{m})$ を求める（図 B.3 の (2)）．

3) 点 (t_j, x_j) を通り，傾きが $f(x_\mathrm{m})$ の直線

$$x = f(x_\mathrm{m})(t - t_j) + x_j \tag{B.9}$$

を用いて，$t = t_{j+1}$ での x の値を計算し，それを x_{j+1} とする（図 B.3

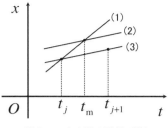

図 B.3　中点法の計算手順

の (3))．

要約すると，

$$x_\mathrm{m} = x_j + \frac{1}{2}\Delta t\ f(x_j) \tag{B.10}$$

により x_m を求め，

$$x_{j+1} = x_j + \Delta t\ f(x_m) \tag{B.11}$$

によって x_{j+1} を求めればよい．

B.2　2 階の常微分方程式の数値解法

前節では 1 階の常微分方程式の数値解法を述べた．それでは，単振動の微分方程式のような，2 階の微分方程式はどのように解けばよいであろうか．面白いことに，一手間かけるだけで 1 階の常微分方程式と同様に解くことができる．

次の 2 階の微分方程式を考える．

$$\frac{d^2x}{dt^2} = f(x) \tag{B.12}$$

まず，

$$y = \frac{dx}{dt} \tag{B.13}$$

とおくと，式 (B.12) は

$$\frac{dy}{dt} = f(x) \tag{B.14}$$

とかける．ベクトル $\boldsymbol{r} = (x, y)$ を定義し，$\boldsymbol{F}(\boldsymbol{r}) = (y, f(x))$ とおくと，式

(B.13) と式 (B.14) はまとめて次式で書ける.

$$\frac{d\boldsymbol{r}}{dt} = \boldsymbol{F}(\boldsymbol{r}) \tag{B.15}$$

微分方程式 (B.15) と微分方程式 (B.1) を比較すると，x がベクトルの $\boldsymbol{r}$ に，関数 $f(x)$ がベクトル関数 $\boldsymbol{F}(\boldsymbol{r})$ に置き換わっている．

$t = t_j$ において，$\boldsymbol{r} = \boldsymbol{r}_j$ とすると，前節でのオイラー法に相当する式は

$$\boldsymbol{r}_{j+1} = \boldsymbol{r}_j + \boldsymbol{F}(\boldsymbol{r}_j)\,\Delta t \tag{B.16}$$

中点法による計算は，

$$\boldsymbol{r}_\mathrm{m} = \boldsymbol{r}_j + \frac{1}{2}\boldsymbol{F}(\boldsymbol{r}_j)\,\Delta t \tag{B.17}$$

を求め，次に次式を計算すればよい．

$$\boldsymbol{r}_{j+1} = \boldsymbol{r}_j + \boldsymbol{F}(\boldsymbol{r}_\mathrm{m})\,\Delta t \tag{B.18}$$

このように，計算する量がベクトルになっただけで，前節と同様に計算することができる．

例 B.2　2 階の常微分方程式の数値解法例として，単振動の微分方程式

$$\frac{d^2 x}{dt^2} = -x \tag{B.19}$$

を解こう．初期条件は $t = 0$ のとき，$x = 1, dx/dt = 0$ とする．

$y = dx/dt$ とおいて，$\boldsymbol{r} = (x, y)$ を定義すると

$$\frac{d}{dt}\boldsymbol{r} = \boldsymbol{F}(\boldsymbol{r}) \tag{B.20}$$

ただし，$\boldsymbol{F}(\boldsymbol{r}) = (y, -x)$ となる．

図 B.4 に，オイラー法と厳密解 $x = \cos t$ の比較を示す．$\Delta t = 0.05$ として計算している．t が増加するにつれて，厳密解とのずれが顕著になっていることがわかる．

次に，中点法と厳密解 $x = \cos t$ の比較を図 B.5 に示す．$\Delta t = 0.1$ として計算した結果である．中点法と厳密解はよく一致している．

数値計算の長所は，計算する関数が単純でない場合にも同様に計算できる点である．例として，単振り子の場合を考えよう．単振り子の問題を正確に扱おうとすると，次の微分方程式を解かなければならない．

$$\frac{d^2 x}{dt^2} = -\sin x \tag{B.21}$$

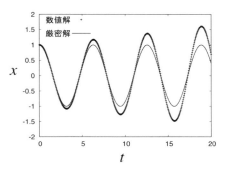

図 B.4　オイラー法による 2 階の微分方程式 (B.19) の数値計算結果と厳密解の比較

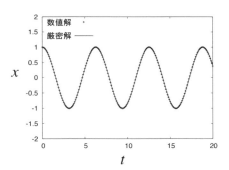

図 B.5　中点法による 2 階の微分方程式 (B.19) の数値計算結果と厳密解の比較

式 (B.19) と比較して，右辺の関数が，$-x$ から $-\sin x$ に変わっただけである．しかし，解析的に解く場合，問題が途端に難しくなる．ところが，数値計算の手間はほとんど変わらない．

図 B.6 に中点法によって微分方程式 (B.21) を解いた結果を示す．初期条件は $t = 0$ のとき $x = 1, dx/dt = 0$ である．比較のため，単振動の解も一緒に示している．このように数値計算では，単振子と単振動を容易に比較することができる．

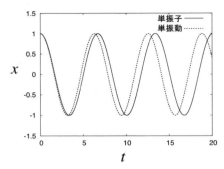

図 B.6　中点法によって求めた単振子と単振動の比較

演習問題

演習問題 B.1　$f(x) = -x$ のとき，式 (B.4) の漸化式を解け．ただし，$t = 0$ のとき $x = 1$ とする．また，$\Delta t \to 0$ の極限をとり，$x = \exp(-t)$ が得られることを示せ．

C gnuplotによるグラフの表示

この章では,グラフ作成ソフトとして有名なgnuplot(ニュープロット)の使い方についてまとめる.gnuplotは無料でインターネット上からダウンロードできるが,非常に高機能でありアニメーションも簡単に作成できる.

C.1 gnuplotのインストール

WindowsとMacでインストール方法が異なるので,それぞれに分けて説明する.

まず,Windowsの場合,gnuplotのホームページ (http://gnuplot.info/) からDownloadをクリックして,Primary download site on SourceForge をクリックする.Nameのところから,最新のバージョンのフォルダー名をクリックする(2017年1月の時点では,5.0.5).64ビットのWindowsであれば,gp505-win64-mingw.exe,32ビットのWindowsであれば,gp505-win32-mingw.exeと表示されたリンクをクリックしてファイルをダウンロードする.ダウンロードしたファイルを実行すれば,gnuplotのインストーラが起動する.

Macの場合,MacWikiのgnuplotのページ (http://macwiki.osdn.jp/wiki/index.php/gnuplot) の「単独配布パッケージを使う」のところでリンクされているページから,ダウンロードするのが簡単である.

C.2 グラフの表示

gnuplotを起動して,簡単なグラフを表示してみよう.gnuplotを起動すると,ウィンドウが現れる.ウィンドウ中で,次のように入力してリターンキーを押すと,図C.1のように$\sin(x)$のグラフが表示される.

```
gnuplot> plot sin(x)
```

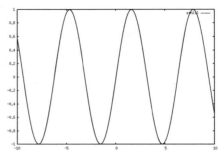

図 C.1　gnuplot による正弦関数のプロット

ファイル名が「dat」である数値データをプロットするときには，次のように記述すればよい．

```
gnuplot> plot 'dat'
```

結果は図 C.2(a) のようになる．なお「dat」の中身は，以下のようになっている．

```
0  0
0.2  0.04
0.4  0.16
0.6  0.36
0.8  0.64
1  1
1.2  1.44
1.4  1.96
1.6  2.56
1.8  3.24
2  4
```

データ点を線でつなぎたいときには，以下のように入力する．

```
gnuplot> plot 'dat' with lines
```

出力は図 C.2(b) のようになる．

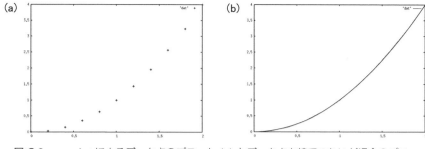

図 C.2 gnuplot によるデータ点のプロット (a) とデータ点を線でつないだ場合のプロット (b)

C.3 簡単なアニメーション

テキストエディタを用いて，次のように記述されたファイルを準備する．

```
if (exist("t")==0) t=0
plot sin(x-t)
pause 0.01
t=t+0.05
reread
```

ファイル名は何でもよい．ここでは，「a.plt」とする．1 行目は，変数 t が定義されているかどうかを確認して，定義されていなければ t=0 として変数 t を初期化している．2 行目は正弦関数のプロットである．3 行目は，実行をしばらく休止する行である．0.01 の数値を大きくすれば休止時間が長くなる．4 行目で変数 t の値を更新している．5 行目でファイル（ここでは「a.plt」）を再読み込みしている．

このファイルを作成することで，アニメーションが実行できる．gnuplot のウィンドウで，次のように入力すると，右向きに進行する正弦波が出力される．

```
gnuplot> load 'a.plt'
```

C.4 フーリエ級数の表示

フーリエ級数を表示することもできる．区間 $[-\pi, \pi]$ で $f(x) = x^2$ となる周期 2π の周期関数を考える．この関数のフーリエ級数を第 n 項までで近似した関数

$$f_n(x) = \frac{\pi^2}{3} + \sum_{k=1}^{n} \frac{4}{k^2}(-1)^k \cos(kx) \tag{C.1}$$

を定義する．$f_1(x), f_2(x), \ldots$ とプロットしていくと，フーリエ級数が $f(x)$ に近付いていくことが確認できる．

gnuplot でこのことを確認するには，まず以下の内容が記述されたテキストファイルを準備する．

```
if (exist("n")==0) n=1
f(k,x) = (k>0 ? f(k-1,x)+(4./k**2)*((-1)**k)*cos(k*x) :pi**2/3)
plot f(n,x)
pause -1
n=n+1
print n
reread
```

ファイル名は何でもよいが，ここでは「fs.plt」とする．

1 行目は n を定義している．2 行目では，**再帰関数** (recursive function) を用いて，式 (C.1) を定義している．「?」は三項演算子とよばれ，k> 0 であれば，f(k-1,x)... の部分が計算される．f(k,x) の計算の内部で f(k-1,x) を呼び出しているから，次々に自分自身を呼び出すことになる．このため「再帰」関数とよばれる．関数 f の呼び出しが繰り返されると，f の最初の引数がどんどん小さくなっていく．そして，この引数が 0 になると「:」の後にある式が f に代入される．6 行目で n の値を表示している．

次のように入力して，実行する．

```
gnuplot > load 'fs.plt'
```

図 C.3(a) に n=1 のときのプロット，図 C.3(b) に n=15 のときのプロットを示す．

C.4 フーリエ級数の表示

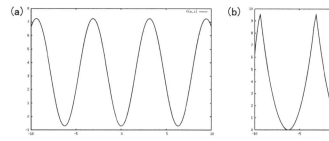

図 C.3 gnuplot によるフーリエ級数の図示. (a)$n=1$ の場合と (b)$n=15$ の場合.

さらに勉強するために

本書を読んだ後,さらに学習したい方のためにいくつか参考書を挙げる.標準的な振動・波動の教科書としては以下のものがある.

　小形正男『振動・波動』(裳華房,1999)
　長岡洋介『振動と波』(裳華房,1992)
　藤原邦男『振動と波動』(サイエンス社,1976)
　近　桂一郎『振動・波動』(裳華房,2006)

数多くの例を含む詳しい教科書として,

　F. S. クロフォード(高橋秀俊監訳)『バークレー物理学コース　波動』(丸善出版,2011)

演習書としては,次のものがある.

　後藤憲一,山本邦夫,神吉　健共編『詳解物理学演習 上』(共立出版,1967)
　長岡洋介『基礎演習シリーズ　振動と波』(裳華房,1992)

振動・波動においては,電磁気学,流体力学,弾性体,熱力学などに関する知識も必要となる.これらについての参考書を以下に挙げる.電磁気学については,

　砂川重信『電磁気学』(岩波書店,1987)
　砂川重信『電磁気学演習』(岩波書店,1987)
　中山正敏『物質の電磁気学』(岩波書店,1996)

弾性体や流体力学については,

　佐野　理『連続体の力学』(裳華房,2000)
　恒藤敏彦『弾性体と流体』(岩波書店,1983)
　金原　粲監修『流体力学 ——シンプルにすれば「流れ」がわかる』(実教出版,2009)

熱力学については，

- 森成隆夫『熱力学の基礎　改訂版』（大学教育出版，2017）
- 三宅　哲『熱力学』（裳華房，1989）
- 田崎晴明『熱力学』（培風館，2000）
- I. プリゴジン，D. コンデプティ（妹尾　学，岩元和敏訳）『現代熱力学 ——熱機関から散逸構造へ』（朝倉書店，2001）

微分方程式，ベクトル解析，フーリエ級数，フーリエ変換については，次に挙げるような物理数学の本を参照されたい．

- 松下　貢『物理数学』（裳華房，1999）
- 後藤憲一，山本邦夫，神吉　健共編『詳解物理応用数学演習』（共立出版，1979）
- G. B. アルフケン，H. J. ウェーバー（権平健一郎，神原武志，小山直人訳）『フーリエ変換と変分法』（講談社，2002）

gnuplot については，インターネット上に有用なサイトがいくつもある．解説書としては以下のものがある．

- 大竹　敢『使いこなす gnuplot　改訂第 2 版』（テクノプレス，2004）
- 山本昌志『gnuplot の精義　第二版』（カットシステム，2013）

数値計算については，以下の本が参考になる．

- 坂井　徹『計算物理学 ——コンピューターで解く凝縮系の物理』（共立出版，2014）
- R. H. ランダウ，M. J. P. メイア（小柳義夫監訳，狩野　覚，春日　隆，善甫康成訳）『計算物理学　基礎編』（朝倉書店，2001）

本書ではふれられなかったが，電子や原子が示す波としての性質は量子力学によって記述される．量子力学の教科書としては以下のものがある．

- 小出昭一郎『量子力学 1』（裳華房，1990）
- L. I. シッフ（井上　健訳）『量子力学（上，下）』（吉岡書店，1970）
- J. J. サクライ（桜井明夫訳）『現代の量子力学（上，下）』（吉岡書店，1989）

6.2 節の脚注でふれたメタマテリアルについては，例えば以下の本がある．

- 堀越　智編著『図解 メタマテリアル ——常識を超えた次世代材料』（日刊工業新聞社，2013）

演習問題解答

1.1
1) $dE/dt = m(dx/dt)(d^2x/dt^2) + m\omega^2 x(dx/dt) = 0$ より式 (1.4) を得る.
2) 式 (1.5) より $dx/dt = -\omega A\sin(\omega t + \delta)$. よって，式 (1.41) の第 1 項は，$m(dx/dt)^2/2 = m\omega^2 A^2\sin^2(\omega t + \delta)/2 = m\omega^2 A^2[1 - \cos(2(\omega t + \delta))]/4$. 第 2 項は，$m\omega^2 x^2/2 = m\omega^2 A^2[1 + \cos(2(\omega t + \delta))]/4$. グラフは省略.

1.2 $x^2/A^2 + p^2/(m^2\omega^2 A^2) = 1$ で表される楕円を描く．x 軸を横軸を，p 軸を縦軸として，軌道を回る向きは時計回りである．

1.3 式 (1.42) の z 成分より，$dv_z/dt = 0$ を得るから v_z は一定である．式 (1.42) の x, y 成分を書くと $m\frac{dv_x}{dt} = qBv_y, m\frac{dv_y}{dt} = -qBv_x$. 第 1 式を t で微分して，第 2 式を代入して整理すると v_x は次の単振動の微分方程式をみたす．$\frac{d^2 v_x}{dt^2} = -\omega_c^2 v_x$. ただし，$\omega_c = \frac{qB}{m}$ はサイクロトロン振動数である．同様に，v_y も同じ微分方程式に従うことが示せる．

1.4
1) 省略
2) $(d/dt - i\omega)y = 0$ を解いて，$y = Ce^{i\omega t}$ (C は定数). $x = e^{-i\omega t}f(t)$ とおいて，$(d/dt + i\omega)x = y = Ce^{i\omega t}$ に代入して，f を求めると，$A = C/(2i\omega), B$ を定数として $x = Ae^{i\omega t} + Be^{-i\omega t}$.

1.5
1) 省略
2) 省略
3) $U^\dagger A U = \frac{1}{2}\begin{pmatrix} 1 & -i \\ -i & 1 \end{pmatrix}\begin{pmatrix} 0 & -i \\ i & 0 \end{pmatrix}\begin{pmatrix} 1 & i \\ i & 1 \end{pmatrix} = \begin{pmatrix} 1 & 0 \\ 0 & -1 \end{pmatrix}$

4) C_1, C_2 を定数として $\begin{pmatrix} x \\ y \end{pmatrix} = \exp(i\omega At) \begin{pmatrix} C_1 \\ C_2 \end{pmatrix}$ が式 (1.44) の解であることがわかる. $\exp(i\omega At) = \exp\left(i\omega tU \begin{pmatrix} 1 & 0 \\ 0 & -1 \end{pmatrix} U^\dagger\right) = U \exp\left(i\omega t \begin{pmatrix} 1 & 0 \\ 0 & -1 \end{pmatrix}\right) U^\dagger = U \begin{pmatrix} \exp(i\omega t) & 0 \\ 0 & \exp(-i\omega t) \end{pmatrix} U^\dagger = \begin{pmatrix} \cos(\omega t) & \sin(\omega t) \\ -\sin(\omega t) & \cos(\omega t) \end{pmatrix}$ より, $x = C_1 \cos(\omega t) + C_2 \sin(\omega t)$ を得る.

2.1 $x = a \exp(-t/(2\tau))[\cos(\Omega t) + \sin(\Omega t)/(2\Omega\tau)]$.

2.2 $x = f(t)\exp(-\omega t)$ とおいて式 (2.4) に代入して整理すると, $d^2f/dt^2 = 0$. この微分方程式を解いて f を求めれば, C_1, C_2 を定数として $x = (C_1 t + C_2)e^{-\omega t}$.

2.3 $x = Ce^{i\Omega t}$ とおいて微分方程式に代入し, C について解くと $C = f/(\omega^2 - \Omega^2 + i\Omega/\tau)$. x の式に代入して実部をとると, 式 (2.32) を得る.

2.4 回路を流れる電流を I, コンデンサーの両端の電荷を Q とすると, $L\frac{dI}{dt} - \frac{Q}{C} + RI = V = V_0 \sin(\Omega t + \delta)$. 両辺を t で微分すると $L\frac{d^2I}{dt^2} + \frac{1}{C}I + R\frac{dI}{dt} = \Omega V_0 \cos(\Omega t + \delta)$. 仮定 $t \gg L/R$ より, 特解を求めればよい. $I = A\cos(\Omega t + \delta) + B\sin(\Omega t + \delta)$ とおいて, 微分方程式に代入し, A, B を求めて, $I = \frac{\Omega V/L}{(\omega^2 - \Omega^2)^2 + (\Omega/\tau)^2}[(\omega^2 - \Omega^2)\cos(\Omega t) + (\Omega/\tau)\sin(\Omega t)]$ を得る. ただし, $\tau = L/R$ である.

2.5 抵抗に抗して単位時間あたりになす仕事は, 1周期あたりで考えると $\frac{1}{T} \int_{1周期} dx \frac{m}{\tau} \frac{dx}{dt} = \frac{m}{T\tau} \int_0^T dt \left(\frac{dx}{dt}\right)^2$. 式 (2.32) を代入して整理すると, $P(\Omega)$ に等しいことがわかる.

2.6 $\Omega = \omega + \delta$ とおくと, $\frac{1}{P(\Omega)} = \frac{2}{m\tau f^2}\left[1 + \tau^2\left(\frac{\omega^2}{\omega + \delta} - \omega - \delta\right)^2\right]$. $\frac{\omega^2}{\omega + \delta} - \omega - \delta \simeq \omega\left(1 - \frac{\delta}{\omega}\right) - \omega - \delta = -2\delta = -2(\Omega - \omega)$ と近似して代入し, 整理すると式 (2.41) を得る.

演習問題解答　　　　　　　　　　　　　　*149*

3.1

1) 上のばねには質量 $2m$ のおもりがつながっているとみなせるから，$k(x_1 - \ell) = 2mg$ より，$x_1 = \ell + 2mg/k$. 下のばねの伸びは，$x_2 - x_1 - \ell$ だから，つりあいの式は $k(x_2 - x_1 - \ell) = mg$. よって，$x_2 = \ell + x_1 + mg/k = 2\ell + 3mg/k$.

2) 運動方程式は，$m\frac{d^2 x_1}{dt^2} = mg - k(x_1 - \ell) + k(x_2 - x_1 - \ell)$, $m\frac{d^2 x_2}{dt^2} = mg - k(x_2 - x_1 - \ell)$. 前問で求めた x_1 と x_2 をそれぞれ x_1^0, x_2^0 として $x_1 = x_1^0 + \xi_1, x_2 = x_2^0 + \xi_2$ とおくと $\frac{d^2}{dt^2}\begin{pmatrix}\xi_1\\\xi_2\end{pmatrix} = -\omega^2\begin{pmatrix}2 & -1\\-1 & 1\end{pmatrix}\begin{pmatrix}\xi_1\\\xi_2\end{pmatrix}$. ただし，$\omega = \sqrt{k/m}$ である．右辺の行列の固有値を求めると，$(3 \pm \sqrt{5})/2$. よって，基準振動の角振動数は $\sqrt{(3\pm\sqrt{5})/2}\,\omega = (\sqrt{5}\pm 1)\omega/2$.

3.2

1) $x_2 = x_1 + \ell\cos\theta_2 = \ell(\cos\theta_1 + \cos\theta_2)$, $y_2 = y_1 + \ell\sin\theta_2 = \ell(\sin\theta_1 + \sin\theta_2)$.

2) $x_1 \simeq \ell, x_2 \simeq 2\ell$ と近似できる．これらの式より，x 軸方向の加速度はゼロである．したがって，それぞれの糸の張力を T_1, T_2 とすると，x 軸方向は $\theta_1 = 0, \theta_2 = 0$ の場合のつりあいと同様に考えることができて，$T_1 = mg + T_2, T_2 = mg$ となる．よって，$T_1 = 2mg$. y 軸方向を考えると，$y_1 \simeq \ell\theta_1, y_2 \simeq \ell(\theta_1 + \theta_2)$ だから，運動方程式は $m\frac{d^2 y_1}{dt^2} = m\ell\frac{d^2\theta_1}{dt^2} = -T_1\sin\theta_1 + T_2\sin\theta_2 \simeq -2mg\theta_1 + mg\theta_2$, $m\frac{d^2 y_2}{dt^2} = m\ell\frac{d^2(\theta_1+\theta_2)}{dt^2} = -T_2\sin\theta_2 \simeq -mg\theta_2$. $\omega = \sqrt{g/\ell}$ として，まとめて書くと，$\frac{d^2}{dt^2}\begin{pmatrix}1 & 0\\1 & 1\end{pmatrix}\begin{pmatrix}\theta_1\\\theta_2\end{pmatrix} = -\omega^2\begin{pmatrix}2 & -1\\0 & 1\end{pmatrix}\begin{pmatrix}\theta_1\\\theta_2\end{pmatrix}$. 両辺に左から，$\begin{pmatrix}1 & 0\\1 & 1\end{pmatrix}$ の逆行列をかけると $\frac{d^2}{dt^2}\begin{pmatrix}\theta_1\\\theta_2\end{pmatrix} = -\omega^2\begin{pmatrix}2 & -1\\-2 & 2\end{pmatrix}\begin{pmatrix}\theta_1\\\theta_2\end{pmatrix}$. 右辺の行列の固有値を求めて，基準振動の角振動数が $\sqrt{2\pm\sqrt{2}}\,\omega$ であることがわかる．

3.3

1) 省略

2) 与えられた表式を運動方程式に代入して，両辺を $\exp(i(qja - \omega t))$ でわると $\begin{pmatrix}m_A\omega^2 - 2k & k(1 + e^{-iqa})\\k(1 + e^{iqa}) & m_B\omega^2 - 2k\end{pmatrix}\begin{pmatrix}A\\B\end{pmatrix} = 0$. $A = 0, B = 0$ 以外の解があるとすれば，行列の行列式がゼロだから $(m_A\omega^2 - 2k)(m_B\omega^2 - 2k) - k^2(1 + e^{-iqa})(1 + e^{iqa}) = 0$. 展開して整理すると，$\omega^2$ についての 2 次方程式が得られるから，$\omega^2 = \frac{k(m_A + m_B) \pm k\sqrt{(m_A+m_B)^2 - m_A m_B[2 - 2\cos(qa)]}}{m_A m_B}$

$$= \frac{k(m_A+m_B) \pm k\sqrt{(m_A+m_B)^2 - 4m_A m_B \sin^2\left(\frac{qa}{2}\right)}}{m_A m_B}.$$
よって，基準振動の角振動数は $\omega_q^{(+)} = \sqrt{\frac{k(m_A+m_B)}{m_A m_B}}\sqrt{1 + \sqrt{1 - \frac{4m_A m_B}{(m_A+m_B)^2}\sin^2\left(\frac{qa}{2}\right)}}$, $\omega_q^{(-)} = \sqrt{\frac{k(m_A+m_B)}{m_A m_B}}\sqrt{1 - \sqrt{1 - \frac{4m_A m_B}{(m_A+m_B)^2}\sin^2\left(\frac{qa}{2}\right)}}$. また，周期的境界条件より，$q = \frac{2\pi}{Na}n$ ($n = 1, 2, \ldots, N$). 図1は，$m_B = 3m_A$ の場合に，$\omega_q^{(\pm)}$ を図示したものである．$\omega_q^{(-)}$ は，2つのイオンが同位相で振動する基準振動の角振動数であり，1種類のイオンが振動する場合に存在する基準振動と同様である．この基準振動は，**音響**モードとよばれる．一方，$\omega_q^{(+)}$ は，2つのイオンが逆位相で振動する基準振動の角振動数であり，**光学**モードとよばれる．AイオンとBイオンがそれぞれ正負のイオンだとすれば，電場に対して，それぞれのイオンは逆向きに変位する．このことから，光学モードは電磁波によって，励起されることがわかる．

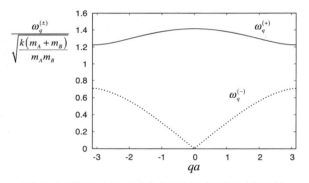

図1 2種類のイオンからなる系の連成振動の分散関係

4.1 4.1節と同様に，N 個の質点系の連成振動をもとに考える．4.1節と同じ記号を用いれば，端の質点の運動方程式は $m\frac{d^2}{dt^2}u(R_N, t) = -k[u(R_N, t) - u(R_N - a, t)]$ となる．$m = \rho a, k = Y/a$ として，$\rho a \frac{d^2}{dt^2}u(R_N, t) = -Y[u(R_N, t) - u(R_N - a, t)]/a$. 右辺の $u(R_N - a, t)$ を a が小さいとして展開し，$a \to 0$ の連続極限をとれば，$u_x(L, t) = 0$ が得られる．$x = 0$ が自由端の場合も同様に考えると，$u_x(0, t) = 0$ が得られる．

4.2 $a = 2\sqrt{3}, b = -\sqrt{3}, p = 6\sqrt{5}, q = -6\sqrt{5}, r = \sqrt{5}.$

4.3 c を定数として，$\partial u_x/\partial y = c, \partial u_y/\partial x = -c$ の場合を考えると $u_x = cy, u_y = -cx$. したがって，図2のような弾性体を考えると，矢印で示したような変位が起きる．弾性体が，全体的に回転することがわかる．また，式 (4.80) の反対称成分として $p_{xy} = -p_{yx} = -p$ の場合を考える．図2の弾性体を考えると，図の矢印方向に力が加わる．ゆえに，弾性体を全体として回転させる力が働く．

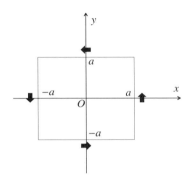

図 2 弾性体を回転させる変位（力）を矢印で表している．

4.4 式 (4.91) より，$G = 1.16 \times 10^{11}/(2 \times 1.321) = 4.39 \times 10^{10}$ Pa. 式 (4.101) より，$v_\ell = \sqrt{0.679 \times 1.16 \times 10^{11}/(1.321 \times 0.358 \times 4.54 \times 10^3)}$ m/s $= 6.06 \times 10^3$ m/s. 式 (4.104) より，$v_t = \sqrt{4.39 \times 10^{10}/4.54 \times 10^3}$ m/s $= 3.11 \times 10^3$ m/s.

4.5
1) 座標 x, y, z の点におけるねじれによる弾性体の変位の大きさは，$\rho = \sqrt{x^2 + y^2}$ として，$\rho\phi$ である．方向は $(-y, x, 0)$ に平行だから，$\boldsymbol{u} = (-y, x, 0)\phi(z, t)$ となる．
2) 式 (4.97) に前問の結果を代入する．$\nabla \cdot \boldsymbol{u} = 0$ などに注意して，$\partial_t^2 \phi = v_t^2 \partial_z^2 \phi$ を得る．

4.6 PV^γ の対数をとって，微分すれば $dP/P + \gamma dV/V = 0$. この式より，$K_S = \gamma P$ が得られる．

4.7 式 (4.119) を温度 T で微分すると，$\frac{dc}{dT} = \frac{1}{2}\sqrt{\frac{\gamma R}{m}}T^{-1/2}$. $T = 300$ K のとき，$\frac{dc}{dT} = 0.6$ m/s となる．すなわち，1 K 温度が上昇すると，音速が 0.6 m/s だけ

増加する．

4.8 式 (4.134) に与式を代入して，両辺を $R\Phi T$ でわると $\frac{T''}{T} = c^2\left(\frac{R''}{R} + \frac{1}{r}\frac{R'}{R} + \frac{1}{r^2}\frac{\Phi''}{\Phi}\right)$ 左辺は t のみの関数，右辺の丸括弧内の第3項のみ ϕ の関数であることなどから，ω, ℓ を定数として $\frac{T''}{T} = -\omega^2$, $\frac{\Phi''}{\Phi} = -\ell^2$, $\frac{R''}{R} + \frac{1}{r}\frac{R'}{R} - \frac{\ell^2}{r^2} = -\frac{\omega^2}{c^2}$ とおける．第1式より，$T \propto \exp(-i\omega t)$. 第2式より，$\Phi \propto \exp(i\ell\phi)$ となる．本文中で述べたように，ϕ について周期的境界条件が成り立つから ℓ は整数である．第3式より，$R'' + \frac{1}{r}R' + \left(\frac{\omega^2}{c^2} - \frac{\ell^2}{r^2}\right)R = 0$ が得られる．

5.1 5.2節で示したように，$\boldsymbol{k}$ と $\boldsymbol{E}$ および $\boldsymbol{k}$ と $\boldsymbol{B}$ は直交する．また，マクスウェル方程式 (5.3) より $\boldsymbol{k} \times \boldsymbol{E} = ck\boldsymbol{B}$ が得られるから，$\boldsymbol{E}$ と $\boldsymbol{B}$ も直交していることがわかる．

5.2
1) $\partial_t = -v(\partial_\xi - \partial_\eta)$, $\partial_x = \partial_\xi + \partial_\eta$.
2) 前問の結果より，$(\partial_t^2 - v^2\partial_x^2)f = -4v^2\partial_\xi\partial_\eta f$. $f = P(\xi)Q(\eta)$ とおいて代入すると，$P'Q' = 0$. よって，$P' = 0$ または $Q' = 0$. ゆえに，解は $f(x,t) = f_1(x-vt) + f_2(x+vt)$ と書ける．

5.3 式 (5.30) より計算すると，$F(k) = \frac{\sin((\lambda+k)L)}{\lambda+k} + \frac{\sin((\lambda-k)L)}{\lambda-k}$. この関数は $k = \pm\lambda$ に幅 $\sim 2\pi/L$ のピークをもつ．

5.4 パルスは x 軸の正の方向に伝搬するから，$A(k) = 0$. 式 (5.41) の $B(k)$ は，$B(k) = \int_{-\infty}^{\infty} dx f(x,0) e^{ikx}$ を計算すれば求められる．$-a \le x \le 0$ のとき，$f(x,0) = b(x+a)/a$, $0 \le x \le a$ のとき，$f(x,0) = -b(x-a)/a$ だから，積分を計算すると $B(k) = 4b\sin^2(ka/2)/(ak^2)$.

5.5
1) 式 (5.41) で $t=0$ とおいて，初期条件を考えると，$\int_{-\infty}^{\infty} \frac{dk}{2\pi} e^{ikx}[A(k)+B(k)] = \frac{b}{x^2+a^2}$, $\int_{-\infty}^{\infty} \frac{dk}{2\pi} e^{ikx} ikv[A(k)-B(k)] = 0$. ここで，第1式の右辺が $\frac{\pi}{a}\int_{-\infty}^{\infty}\frac{dk}{2\pi} e^{ikx} e^{-a|k|} = \frac{b}{x^2+a^2}$ と書けることを用いると，$A(k) = B(k) = \frac{\pi b}{2a} e^{-a|k|}$. 式 (5.41) に代入して k についての積分を実行すると，$f(x,t) = \frac{1}{2}\frac{b}{(x-vt)^2+a^2} + \frac{1}{2}\frac{b}{(x+vt)^2+a^2}$. すなわち，初期条件の変位が2つに分裂して，それぞれ x 軸の正の方向と負の方向に伝播する波束となる．

演習問題解答　*153*

2) 演習問題 5.2 のダランベールの解を用いて，$f(x,t) = f_1(x-vt) + f_2(x+vt)$ とおく．初期条件より，$f_1(x) + f_2(x) = \frac{b}{x^2+a^2}$, $f_1'(x) - f_2'(x) = 0$. 第 2 式を積分すると，$f_1(x) = f_2(x) + c$. c は積分定数である．これらの式より，$f_1(x), f_2(x)$ を求めて，$x \to \pm\infty$ とすると $c = 0$ であることがわかる．したがって，$f_1(x) = f_2(x) = \frac{1}{2}\frac{b}{x^2+a^2}$ を得るから，前問と同じ結果となる．

6.1 式 (6.1) の右辺に式 (6.6) を代入して，両辺の回転をとる．公式 (5.5) を適用して，式 (6.3) に式 (6.5) を代入した式を用いれば，$\partial_t^2 \boldsymbol{E} = (1/\varepsilon\mu)\nabla^2\boldsymbol{E}$ が得られる．$\boldsymbol{H}$ も同様の波動方程式に従うことが示せる．よって，この物質中での光速は $c = 1/\sqrt{\varepsilon\mu}$ である．

6.2 $u_1(x,t) + u_2(x,t) = 2A\cos\left(\left(k + \frac{\Delta k}{2}\right)x - \frac{\omega_k + \omega_{k+\Delta k}}{2}t\right) \times \cos\left(\frac{\Delta k}{2}x - (\omega_{k+\Delta k} - \omega_k)t\right)$ より，うなりの波長は $\lambda = 2\pi(\Delta k/2)^{-1} = 4\pi/\Delta k$, 角振動数は，群速度を v_g として $\omega_{k+\Delta k} - \omega_k \simeq \Delta k\, d\omega_k/dk = v_g \Delta k$ となる．

6.3 縦方向に伸びた干渉パターンになる（隙間とは逆になる）．

6.4
1) 入射波，反射波，透過波をそれぞれ式 (6.24), 式 (6.25), 式 (6.26) とおく．電場 $\boldsymbol{E}$ についての境界条件を考えると，$E_1^{(0)} + E_r^{(0)} = E_2^{(0)}$. 磁場 $\boldsymbol{H}$ についての境界条件を考えると，$H_1^{(0)}\cos\theta_1 - H_r^{(0)}\cos\theta_1 = H_2^{(0)}\cos\theta_2$. ところで，演習問題 5.1 の結果より，平面波について $E = cB = c\mu H$. よって，$Z = \sqrt{\varepsilon/\mu}$ によってインピーダンスを定義すると，$H = ZE$ と書ける．よって，媒質 1, 2 のインピーダンスをそれぞれ Z_1, Z_2 とすると $Z_1 E_1^{(0)}\cos\theta_1 - Z_1 E_r^{(0)}\cos\theta_1 = Z_2 E_2^{(0)}\cos\theta_2$. この 2 式より，$E_2^{(0)}$ を消去すれば与式が得られる．
2) 境界条件は，$E_1^{(0)}\cos\theta_1 - E_r^{(0)}\cos\theta_1 = E_2^{(0)}\cos\theta_2$ および $Z_1\left(E_1^{(0)} + E_r^{(0)}\right) = Z_2 E_2^{(0)}$ となる．この 2 式より，$E_2^{(0)}$ を消去して与式を得る．
3) スネルの法則 (6.23) より得られる式 $n_2 = n_1\sin\theta_1/\sin\theta_2$ を用いて整理すると与式が得られる．なお，p 波の反射率がゼロになるのは，$\theta_1 + \theta_2 = \pi/2$ のときだから，$\theta_B = \tan^{-1}(n_2/n_1)$ となる．

A.1 発散などの特異性のない，任意の関数 $f(x)$ について $\int_{-\infty}^{\infty} dx\, f(x)\delta(-x) = \int_{-\infty}^{\infty} dx\, f(-x)\delta(x) = f(0)$. よって，$\delta(-x) = \delta(x)$.

A.2 任意の関数 $f(x)$ について，$\int_{-\infty}^{\infty} dx f(x) \frac{d}{dx}\theta(x) = [f(x)\theta(x)]_{-\infty}^{\infty} - \int_{-\infty}^{\infty} dx \frac{df}{dx}\theta(x) = f(\infty) - \int_{0}^{\infty} dx \frac{df}{dx} = f(0)$. よって，式 (A.65) が成り立つ．

A.3 ストークスの定理 (A.34) の左辺において，$A_y = x/2, A_x = -y/2$ とおけば領域 S の面積が求められる．$x^2/a^2 + y^2/b^2 = 1$ で表される楕円を考え，$x = a\cos\phi, y = b\sin\phi$ とおくと，$\frac{1}{2}\oint(-ydx + xdy) = \frac{1}{2}ab\int_0^{2\pi} d\phi(\sin^2\theta + \cos^2\theta) = \pi ab$.

A.4 式 (A.57) で $x = \pi$ とおいて
$$\pi^2 = \frac{\pi^2}{3} + \sum_{n=1}^{\infty} \frac{4}{n^2}(-1)^{n+1}(-1)^n = \frac{\pi^2}{3} - 4\left(\frac{1}{1^2} + \frac{1}{2^2} + \frac{1}{3^2} + \frac{1}{4^2} + \cdots\right)$$
この式を整理して与式が得られる．

B.1 $f(x) = -x$ のとき，式 (B.4) より $x_{j+1} \simeq (1-\Delta t)x_j$ この漸化式を解くと，$x_j \simeq (1-\Delta t)^j$ ただし，$x_0 = 1$ を用いた．$\Delta t \to 0$ の極限をとると $x_j \simeq \left[(1-\Delta t)^{-\frac{1}{\Delta t}}\right]^{-j\Delta t} \to e^{-t}$ よって，$x = \exp(-t)$ が得られる．

索　引

ア　行

圧縮率　72
アニメーション　141

位相　2
位相速度　93
位相定数　2
一般解　7
インピーダンス　97

うなり　111

S 波　70
円偏光　101

オイラーの公式　6
オイラー法　132, 133
オイラー方程式　74
応力テンソル　58, 66
音響モード　150

カ　行

階段関数　131
回転　118
ガウスの定理　121
角振動数　2
過減衰　15
重ね合わせの原理　17

基準座標　31
基準振動　31
気体　72

気柱　76
ギブス現象　131
逆フーリエ変換　90
球面波　88
Q 値　24
強磁性体　100
強制振動　21
共鳴　21

屈折率　103
クロネッカーのデルタ　123
群速度　94

減衰振動　14

光学モード　150
剛性率　62
勾配　117
固定端　51
固有関数の完全性　54

サ　行

再帰関数　142
作用素　17

磁化　100
地震　70
磁束密度　84
実対称行列　122
磁場　100
周期　3
周期的境界条件　43
自由端　51
自由度　28

索　引

常磁性体　100
常誘電体　100
初期条件　2
振動数　3
振幅　2

ストークスの定理　119
スネルの法則　103
ずれ弾性率　62

斉次微分方程式　19
絶対屈折率　103
線形微分方程式　17
線積分　120

タ　行

対角化　122
体積弾性率　61
楕円偏光　101
多自由度　28
縦波　46
ダランベールの解　98
単振動　1, 2
弾性　58
弾性限界　58
弾性体　58
　　――におけるフックの法則　66
弾性定数　58
単振り子　136

チタン酸ストロンチウム　100
中点法　134
超関数　114
調和振動　2
直線偏光　101
直交関数系　52, 53

定在波　105
テイラー展開　113
デルタ関数　114
電荷密度　84, 100

電気分極　100
電磁波　84
電束密度ベクトル　100
転置行列　31
電場　84
電流密度　84, 100

透磁率　99
等方的　59
特解　19

ナ　行

ナブラ記号　117

gnuplot（ニュープロット）　139

ハ　行

波数ベクトル　71
波束　84, 88
発散　117
波動方程式　47
半値幅　24

ひずみ　64
ひずみテンソル　58, 63, 64
非斉次微分方程式　19
比熱比　73
P 波　70

節　78
フックの法則　1
　弾性体における――　66
フーリエ級数　125
フーリエ級数展開　54
フーリエ変換　20, 24, 89
ブリュースター角　112
不連続点　130

平面波　86
ベクトル場　117

ベッセル関数　81
ベッセルの微分方程式　81
偏光　101
変数分離法　50
偏微分　116
偏微分方程式　50

ポアソン比　60

マ　行

膜　79
マクスウェル方程式　84, 100

ヤ　行

ヤングの干渉実験　106
ヤング率　47, 59

誘電率　99

横波　48

ラ　行

ラプラシアン　118
ランダウの記号　113

理想気体　61, 72
臨界減衰　16

連続関数　130
連続極限　46
連続体　46
連続の方程式　74

著者略歴

森成隆夫
もりなりたかお

1971 年　熊本県に生まれる
1999 年　東京大学大学院工学系研究科博士課程修了
現　在　京都大学大学院人間・環境学研究科　准教授
　　　　博士（工学）

振動・波動　　　　　　　　　　　　　　定価はカバーに表示

2017 年 3 月 25 日　初版第 1 刷
2025 年 1 月 25 日　　　第 6 刷

　　　　　　　　　　著　者　森　成　隆　夫
　　　　　　　　　　発行者　朝　倉　誠　造
　　　　　　　　　　発行所　株式会社　朝　倉　書　店
　　　　　　　　　　　　　　東京都新宿区新小川町 6-29
　　　　　　　　　　　　　　郵 便 番 号　162-8707
　　　　　　　　　　　　　　電　話　03(3260)0141
　　　　　　　　　　　　　　FAX　03(3260)0180
〈検印省略〉　　　　　　　　　　https://www.asakura.co.jp

ⓒ 2017〈無断複写・転載を禁ず〉　　　Printed in Korea

ISBN 978-4-254-13122-2　C 3042

JCOPY 〈出版者著作権管理機構　委託出版物〉

本書の無断複写は著作権法上での例外を除き禁じられています．複写される場合は，
そのつど事前に，出版者著作権管理機構（電話 03-5244-5088, FAX 03-5244-5089,
e-mail: info@jcopy.or.jp）の許諾を得てください．

東北大 堀畑和弘・東北大 長谷川浩司著
常微分方程式の新しい教科書
11146-0 C3041　　　　A5判 180頁 本体2400円

理学・工学・経済学などの基礎教養である常微分方程式を丁寧な解説と具体例と共に学ぶ。〔内容〕なぜ微分方程式を学ぶのか／微分方程式を学ぶための言葉／変数分離形・同次形／一階線形微分方程式／完全微分方程式／対角化による計算／他

福岡大 守田 治著
基礎解説 力学
13115-4 C3042　　　　A5判 176頁 本体2400円

理工系全体対象のスタンダードでていねいな教科書。〔内容〕序／運動学／力と運動／慣性力／仕事とエネルギー／振動／質点系と剛体の力学／運動量と力積／角運動量方程式／万有引力と惑星の運動／剛体の運動／付録

前千葉大 夏目雄平著
やさしく物理
―力・熱・電気・光・波―
13118-5 C3042　　　　A5判 144頁 本体2500円

理工系の素養，物理学の基礎の基礎を，楽しい演示実験解説を交えてやさしく解説。〔内容〕力学の基本／エネルギーと運動量／固い物体／柔らかい物体／熱力学とエントロピー／波／光の世界／静電気／電荷と磁界／電気振動と永遠の世界

前東大 大津元一監修
テクノ・シナジー 田所利康・東工大 石川　謙著
イラストレイテッド 光の科学
13113-0 C3042　　　　B5判 128頁 本体3000円

豊富なカラー写真とカラーイラストを通して，教科書だけでは伝わらない光学の基礎とその魅力を紹介。〔内容〕波としての光の性質／ガラスの中で光は何をしているのか／光の振る舞いを調べる／なぜヒマワリは黄色く見えるのか

前東大 大津元一監修　テクノ・シナジー 田所利康著
イラストレイテッド 光の実験
13120-8 C3042　　　　B5判 128頁 本体2800円

回折，反射，干渉など光学現象の面白さ・美しさを実感できる実験，観察対象などを紹介。実践できるように実験・撮影条件，コツも記載。オールカラー〔内容〕撮影方法／光の可視化／色／虹・逃げ水／スペクトル／色彩／ミクロ／物作り／他

前姫路工大 岸野正剛著
納得しながら学べる物理シリーズ3
納得しながら 電磁気学
13643-2 C3342　　　　A5判 216頁 本体3200円

基礎を丁寧に解説〔内容〕電気と磁気／真空中の電荷・電界，ガウスの法則／導体の電界，電位，電気力／誘電体と静電容量／電流と抵抗／磁気と磁界／電流の磁気作用／電磁誘導とインダクタンス／変動電流回路／電磁波とマクスウェル方程式

前姫路工大 岸野正剛著
納得しながら学べる物理シリーズ5
納得しながら 物理数学
13645-6 C3342　　　　A5判 208頁 本体3200円

物理学のために必要な数学の基礎を丁寧に解説〔内容〕納得してみれば難しくない物理数学／ベクトルと行列／複素数・微分・積分／関数の展開式と近似計算法／微分方程式／フーリエ解析／複素関数論

前東邦大 小野嘉之著
シリーズ〈これからの基礎物理学〉1
初歩の統計力学を取り入れた 熱力学
13717-0 C3342　　　　A5判 216頁 本体2900円

理科系共通科目である「熱力学」の現代的な学び方を提案する画期的なテキスト。統計力学的な解釈を最初から導入し，マクロな系を支えるミクロな背景を理解しつつ熱力学を学ぶ。とりわけ物理学を専門としない学生に望まれる「熱力学」基礎。

元慶大 米沢富美子総編集　前慶大 辻　和彦編集幹事
人物でよむ 物理法則の事典
13116-1 C3542　　　　A5判 544頁 本体8800円

味気ない暗記事項のように教育・利用される物理学の法則や現象について，発見等に貢献した「人物」を軸に構成・解説することにより，簡潔な数式表現の背景に潜む物理学者の息遣いまで描き出す，他に類のない事典。個々の法則や現象の理論的な解説を中心に，研究者達の個性や関係性，時代的・技術的条件等を含め重層的に紹介。古代から現代まで約360の物理学者を取り上げ，詳細な人名索引も整備。物理学を志す若者，物理学を愛する大人達に贈る，熱気あふれる物理法則事典。

上記価格（税別）は2024年12月